错把妻子当帽子

THE MAN WHO MISTOOK HIS WIFE FOR A HAT

［英］奥利弗·萨克斯（OLIVER SACKS）著

赵朝永　译

The Man Who Mistook His Wife for a Hat
Copyright © 1985, Oliver Sacks
All rights reserved

©中南博集天卷文化传媒有限公司。本书版权受法律保护。未经权利人许可，任何人不得以任何方式使用本书包括正文、插图、封面、版式等任何部分内容，违者将受到法律制裁。

著作权合同登记号：图字 18-2022-225

图书在版编目（CIP）数据

错把妻子当帽子/（英）奥利弗·萨克斯（Oliver Sacks）著；赵朝永译. -- 长沙：湖南文艺出版社，2024.4
书名原文：The Man Who Mistook His Wife for a Hat
ISBN 978-7-5726-1644-0

Ⅰ.①错… Ⅱ.①奥… ②赵… Ⅲ.①认知心理学—通俗读物 Ⅳ.① B842.1-49

中国国家版本馆 CIP 数据核字（2024）第 043013 号

上架建议：纪实文学·神经医学

CUO BA QIZI DANG MAOZI
错把妻子当帽子

著　　者：[英]奥利弗·萨克斯（Oliver Sacks）
译　　者：赵朝永
出 版 人：陈新文
责任编辑：张子霏
监　　制：吴文娟
策划编辑：姚珊珊　黄　琰
特约编辑：陈　黎　罗雪莹
版权支持：王媛媛　姚珊珊
营销编辑：傅　丽　杨若冰
封面设计：Stano
版式设计：李　洁
出　　版：湖南文艺出版社
　　　　　（长沙市雨花区东二环一段 508 号　邮编：410014）
网　　址：www.hnwy.net
印　　刷：北京中科印刷有限公司
经　　销：新华书店
开　　本：875 mm × 1230 mm　1/32
字　　数：218 千字
印　　张：9.75
版　　次：2024 年 4 月第 1 版
印　　次：2024 年 4 月第 1 次印刷
书　　号：ISBN 978-7-5726-1644-0
定　　价：59.00 元

若有质量问题，请致电质量监督电话：010-59096394
团购电话：010-59320018

致伦纳德·申戈尔德·M. D.

谈论疾病是一种天方夜谭式的娱乐。

——威廉·奥斯勒[1]

医生（不像博物学家那样）关心的是……一个有机体——人类主体，在困难重重的环境中，如何努力保持自己的身份。

——艾维·麦肯齐

---

[1] 威廉·奥斯勒（William Osler，1849—1919），加拿大著名的医学家、教育家，同时也是20世纪医学领域的大师，被称为"现代医学之父"。——编者注（本书以下脚注如无特别说明，均为编者注）

目 录

精彩的医学传奇故事集 /1
萨克斯：一位会讲故事的科普作家 /5
作者自序（2013） /8
作者自序（1985） /13

第一部分　功能缺失
　　导言 /002
　1　错把妻子当帽子 /008
　2　迷失的水手 /027
　3　灵肉分离的女子 /053
　4　跌下床的男人 /068
　5　无用之手 /073
　6　幻影重重 /082
　7　水平线上 /089
　8　向右看！/096
　9　总统的演讲 /100

第二部分　功能过度
　　导言 /108
　10　风趣的抽搐症患者 /114

11 爱神佑我 /126

12 身份碎片 /135

13 世界与我无关 /146

14 提线木偶 /152

第三部分　时光穿梭

导言 /160

15 记忆重现 /164

16 情不自禁的怀旧 /188

17 魂归故里 /192

18 皮肤下的狗狗 /196

19 谋杀 /203

20 幻象中的天堂之城 /208

第四部分　智力迟钝者的世界

导言 /214

21 丽贝卡 /220

22 行走的音乐词典 /231

23 孪生数学天才 /241

24 自闭的绘画天才 /265

精彩的医学传奇故事集

因为写这篇序的缘故,我仔细阅读了奥利弗·萨克斯的生平,发现其实我早就与他有些联系。萨克斯的研究理念,可以说师承苏联神经科学家鲁利亚[①],而这位前辈,曾经因为在大脑皮质功能研究领域的探索性研究,被我的博士论文多次引用。

五六十年前,关于神经系统可塑性的研究,还远没有现在这么深入,大脑内"神经线路"的联系,一旦固定能否改变,还没有一个笃定的结论。鲁利亚和萨克斯认定大脑有"卓越的可塑性、惊人的适应能力",而且这些"不仅仅是在神经或感知障碍的这种特殊(而且经常是令人绝望的)环境下才会出现",他们主张不单单要面对来问诊的病人,更要看到处在日常生活环境中的病人。这些见地,在当时的情境下,可谓先锋。

---

① 亚历山大·鲁利亚(Alexander Romanovich Luria, 1902—1977),苏联心理学家、内科医生,神经心理学的创始人。

萨克斯和鲁利亚的交情，始于1974年前后的一段通信。那年萨克斯在挪威的一个边远山区，遭遇了一头愤怒的公牛攻击，情急之下他慌忙逃生，一脚踩空，导致左腿肌腱断裂，神经损伤，造成了严重的残疾。他慢慢发现这条腿仿佛不再是自己身体的一部分，奇异的遭遇让他以一个病人的视角审视自己的身体和心理。他将之称为"医学的机缘"。正是因为这个机缘，他和鲁利亚讨论起人体的整体机能，关于个体和环境的联系。鲁利亚鼓励说，"你正在揭示一个全新的领域"，这样的信件往来给了他极大的支持。

萨克斯的这段遭遇，后来被写成《单腿站立》一书，于1984年出版。事实上，从1973年起，他就开始以亲身的医患经历，写作了一系列的"医疗逸事"，《苏醒》《错把妻子当帽子》这些都成为世界范围的畅销书。他将病患案例文学化，将虚构与真实融为一体，饱含同情，着力描写患者的各种身心体验，给读者打开一道通往奇异世界之门。这一系列作品获得了极大成功，被翻译成多种语言。萨克斯因癌症于2015年8月30日在纽约去世，享年82岁。他生前就职于美国哥伦比亚大学。作为顶尖医生的同时，他也成了著名的畅销书作家，被称为"脑神经文学家"，被《纽约时报》誉为"医学桂冠诗人"。

萨克斯的书中描写了很多例"病感失认症"，这也是我最感兴趣的话题。由于中风或其他原因，病人可能无法辨认自己身体的一部分，甚至觉得那是别人的。他们会在火车上指着自己的手对邻座说："对不起，先生，您把手放在我的膝盖上了。"

即便被旁人提醒,这些可怜的病人都很难意识到自己的错误。对自己身体的错误感知,有时会发展到匪夷所思的地步。记得英国《卫报》曾有个记者写到自己的遭遇,他有天早晨起来,感觉"自己跟电视机遥控器一样高,脚陷进了地毯里"。此后,他时不时被猛然抛进童话世界:手指变得有半里长,走到街上,路旁的车看起来像威尔士矮脚狗那么大。有时在办公的时候,身体突然缩小,椅子变得好大,感觉自己就好像走进了仙境的爱丽丝。还记得阿兰·德波顿描写过一个家伙,他把自己当作一个煎蛋,始终不敢坐在椅子上,后来有个朋友出了个招,在椅子上放了块面包。如此,他终于肯把自己像三明治一样放在椅子上了。

萨克斯将神经病学的理论和案例深入浅出地写进书里,既轻盈又沉厚。本来,神经病患,在普通人看来是一类与自己很少发生关联的遥远而陌生的群体。萨克斯以客观平等的态度看待他们,与他们交流,在书中展现了他们的心灵世界。那是另外一个伟大而奇异的境界。每一个患者,其实都有自己独特的、值得尊重的人格世界,有着我们未必能够达到的宁静和辽远,甚至是通透。

萨克斯医生的每一本书都可当作非常精彩的医学传奇故事集。《错把妻子当帽子》展现了24个脑神经失序患者的"天才"事迹。这些故事以前所未有的高度告诉我们,"病"这种东西,未必是生命中不可承受之重。缺陷、不适与疾病,会产生出另一些发展、进化与生命的形态,激发出我们远不能预料的创造力。

普通读者能通过阅读这些故事感受到人类心智活动的繁复和奇妙，更能以新的眼光重新看待日常与人生。

萨克斯的"小说"谈的不仅仅是猎奇的故事，更探讨了人性的无限可能，人与人之间微妙的超越我们现有认知的关系，他希望人们能够相互了解，相互表达。这正是萨克斯的文字的珍贵之处。

姬十三

神经生物学博士

果壳网创始人

萨克斯：一位会讲故事的科普作家

20世纪人类上天入地。人类到太空行走并登上月球；携带人类信息的飞船飞出太阳系和银河系并正飞向宇宙深处；"蛟龙"号潜入最深的海底……毫无疑问，这一切都是人类思维和认知的结果。但如果要问，人类是如何进行思维和认知的，或者说，人类的大脑是如何对信息进行加工，并指导我们的行为的，这个问题可比上天入地要复杂得多！对这个问题的追究，在20世纪70年代中期，诞生了一门全新的学科——认知科学。

认知科学是探索和研究认知现象和规律的学科，它由哲学、心理学、语言学、人类学、计算机科学和神经科学6大学科构成，新世纪以来，将教育学也纳入到认知科学的学科框架之中，形成"6+1"的学科框架。2015年以来，作为清华大学认知科学团队负责人，我相继提出"心智进化论"和"人类认知五层级理论"，使认知科学从交叉学科转变为单一学科。据统计，目前全国已有一百多所大学开设了认知科学与技术本科专业。

认知科学的目标是探索并最终揭开人类心智的奥秘。认知科学与技术的发展日新月异：人工智能、无人机、智能语言和教育……认知科学的理论方法和技术创新已经彻底改变了人类生存和发展的面貌。

英国出生的美国神经科学家、科普作家奥利弗·萨克斯的一系列与神经科学有关的科普读物、游记、回忆录式的非虚构作品，以及有自传性质的著作，包括奥利弗·萨克斯这本由博集天卷出版的《错把妻子当帽子》，其实也是引人入胜的认知科学读物，因为他所讲的故事，都是与神经认知和心理认知有关的经典案例。

与大多数的科普作品一样，萨克斯讲故事有一个很大的特点，就是只负责记录和描述现象和事件，提出问题，但不提供问题的解决方案：作为一位科学大师和聪明的科普作家，他更愿意把思考的空间留给读者。

萨克斯的每一本书都是非常精彩的认知神经科学经典读物。例如，本书的第一篇，讲述了一位音乐家P博士的故事。P博士有视觉功能缺陷，他分辨脸孔、景物的能力严重受损，只是辨别事物轮廓的能力依然存在，当他起身寻找帽子时，伸出手抓住妻子的头，想把她的头拿起来戴上。他把自己的妻子当成了帽子！他还会轻拍消防栓或停车计时器的"脑袋"，把它们当成小孩子的头；在家里他会亲切地跟家具上的雕花把手聊天。当萨克斯对患者进行测试时，发现他连日常生活中非常熟悉的手套也不认识，却能够识别出那是用来装东西的"五个小袋子"。他无时无刻不在唱歌，吃饭、穿衣、洗澡……把每件事都化成了歌曲。若不能把每件事变成歌曲，他就做不了任何事。

很多读者恐怕难以理解 P 博士的故事，而多半只会把他当成一个行为怪异的病人。但如果你稍微懂得一点神经科学和认知科学的知识，你就会知道，P 博士其实是一个右脑受到损伤而左脑仍然正常的病人。他能够正常辨别物体的形态并进行逻辑判断——这是左脑的功能；但不能将这些事物与日常生活的经验联系起来——这是右脑的功能。他为何做每件事都要唱歌？因为音乐和歌唱能够启动他的右脑功能，这样他受损伤的右脑认知能力会得到某种程度的激活！

萨克斯不仅是一位科学大师，同时也是一位会讲故事的科普作家。萨克斯的案例通过奇闻逸事讲出来，生动有趣，即使是一般的科学爱好者和普通读者也可以读懂，正如我们能够读懂科学大师霍金介绍相对论的科普作品《时间简史》一样。本书所提供的大量生动的案例，则是神经科学、心理学和认知科学研究的重要素材。

20 世纪人类上天入地，遨游太空。21 世纪人类回到自身，探索自己肩上这几磅重的"宇宙中最复杂也最不可思议的物质"——人类的大脑。这是一个新的时代，让我们来参与其中吧！

蔡曙山
清华大学心理学系教授
心理学与认知科学研究中心主任

作者自序（2013）

我的父母都是医生，所以我在一个满载医学故事的家庭里长大成人。晚餐时，母亲或父亲常常讲述他们当天问诊的病人的故事——那些因疾病或伤害而被改变生命轨迹的故事。（这些故事的主人公有的患有神经疾病或神经受到伤害，而我的父母在最终确定转学其他专业之前，都曾接受过神经医学专业的培训。）虽然我小时候对化学感兴趣，随后又对植物学和海洋生物学产生兴趣，但我终究被医学所吸引，被医学对人类的研究和相关的人类故事所吸引。

像我两个哥哥一样，我后来也成为一名医学生。我看到的病人，包括他们的困境和故事，深深地唤醒了我的想象力，这些经历也深深地烙在我的心中。课堂上的讲座和教科书都是些与现实经验脱离的东西，几乎没有给我留下什么印象。然而，19世纪医学病例文献中对患有神经或精神疾病病人丰富而详细的描述却令我兴趣大增。

作者自序（2013）

1966年，我作为一名年轻的医生，遇见了后来在《苏醒》一书中描述的病人。他们的情况在许多方面都具有独特性：这些人虽然个体各异，却都被同一种疾病困在近乎僵直的状态中，并且在慢性病医院里被囚禁长达几十年之久。他们从这种冻结的、瑞普·范·温克尔[①]般的状态中"苏醒"过来，借助新药左旋多巴重新获得生命，这无法用调查或数字来概括；这需要个体的、高度个人化的叙述。

相比之下，我在《错把妻子当帽子》（以下简称《帽子》）中描述了行医20年后遇到的患有各种神经疾病的病人，有些人的病情已经持续很久，有些则不然。其中一些病人，比如错把妻子当帽子的人，像不在医院治疗的普通人一样，过着相对充实的生活。我会去他们的家中拜访，在他们的个人生活场景中探访他们。

自《帽子》首次出版以来，已经过去了近30年时间，我在里面描述的一些病人仍然活得很好。风趣幽默·抽搐不止·雷是我最初在1971年诊治的病人，尽管患有抽动秽语综合征，但他仍然继续过着充实的生活，我们经常保持联系。雷激发了我对抽动秽语综合征的浓厚、持续终身的兴趣，此后我还写了关于许多

[①]《瑞普·范·温克尔》是美国著名作家W.欧文脍炙人口的短篇小说，讲述了贫苦农民瑞普·范·温克尔的奇特遭遇。为了逃避妻子的责骂，瑞普带着猎狗躲进了森林。谁知，他来到的是一个被魔法控制的地方，喝了一种奇妙的饮料，倒头便睡，一觉就是20年。当他醒来回到家里时，发现家乡的一切都发生了巨大变化，他记忆中的那个时代早已变成了历史。

其他这种综合征患者的文章，包括在《火星上的人类学家》中收录的一篇名为《一位外科医生的生活》的详细病例史。

《帽子》中描述的病人们离我的所思所想并不遥远，我继续在他们的故事中发现新的联系。著名钢琴家莉莲·卡利尔在《帽子》发表后大约15年写信给我，说她失去了识别周围物体的能力。她将自己与P博士进行比较，尽管她处理自己视觉认知问题的方式与书中人物完全不同。莉莲患有称为后顶皮质萎缩的病症，这个术语在《帽子》发表后的多年才被引入，主要用来描述一种特定的类似阿尔茨海默病的综合征。尽管当时我无法为P博士提供具体的诊断，但多年后遇到的莉莲帮助我找到了答案。

吉米（见《迷失的水手》）向我展示了患有深度失忆症的人的生活是怎样的，后来我在其他病人身上进行了探索，比如在《火星上的人类学家》一书中的格雷格（见《最后的嬉皮士》）和克利夫·韦尔林，这位指挥家的故事我在《音乐狂》一文中讲述过。只有通过积累患有类似综合征的病例史，并对它们进行比较和对比，我们才能更充分地了解其中涉及的机制，以及它们个体生活的共同之处。

《记忆重现》这个关于两位老太太患有音乐幻听的故事，激发了我对此类幻听进行更广泛的调查（见《音乐狂》），然后是关于幻觉总体（见《幻觉》）的调查。《帽子》中简短描述的幻肢，在《幻觉》中有详尽的论述。而《帽子》的最后一篇《自闭的绘画天才》，则带来了对另一位自闭症天才斯蒂芬·威尔特希尔和杰出的阿斯伯格综合征女性患者坦普尔·格兰丁的更长病例史的写作（这两位的病例史均收录在《火星上的人类学家》里）。

《帽子》是在20世纪80年代写就的，其中有一些内容今天已成为过时的词语。"天才傻子""低能儿""傻瓜""智障"等等，都是那个时代的用语，我在这里依然保留了下来。同样，当时的患者常常被称为"精神病患者"，而如今可能会使用其他术语。"阿斯伯格综合征"甚至"阿尔茨海默病"在当时还未被列入医学词汇。

随着时间的推移，我不再同意《帽子》中的一些观点，我在许多情况下希望用更微妙的方式来看待这些病人。但对我而言，他们都仍然活着，他们的故事在不断延伸和修正，就像我们所有人的故事一样。

在19世纪，编写病例史，不仅呈现疾病的影响，而且呈现患者整个生活的现实，并且达到了巅峰。然而，到了20世纪后期，随着更加技术化和量化的医学的兴起，这种方式几乎已经绝迹。因此，当我在20世纪70年代和80年代出版自己的病例史时，几乎不可能在医学期刊上发表，因为它们需要图示和表格，以及"客观"的语言。

篇幅更长、更个性化、更详细的病例史被认为是过时的和"不科学的"。然而，这种看法正在发生变化——许多医学院已经开设了叙事医学课程，许多年轻的神经学家认为，病例史是医学的重要组成部分。《帽子》经常被认为在这个病例史传统的复兴中发挥了一定作用，我很高兴听到这样的评价。

随着神经科学及其各种奇迹的兴起,如今更加重要的是保留个人叙述,将每个患者视为一个独特的个体,拥有自己的历史和适应与生存的策略。虽然我们的知识和见解可能不断演进和变化,但人类疾病和健康的现象学基本上保持相对稳定,而病例史这种对个体患者进行仔细和具体的描述的事物,则永远不会过时。

作者自序（1985）

帕斯卡[①]说，著书立说要做的最后一个决定，莫过于从哪里开始写起。因此，在记录、收集和整理完这些光怪陆离的故事之后，尤其是在选择好书名和两段题词之后，我现在必须审视已经做了什么，为什么要这么做。

这两段题词的双重性以及它们之间的反差——艾维·麦肯齐在医生和博物学家之间所做的对比——相当于我身上所具有的某种双重性：我觉得自己既是博物学家，又是医生，我对疾病和人同样感兴趣；也许，我也同时是一个理论家和戏剧家，我同样（未必完全一样）也被科学精神和浪漫主义所吸引，并且不断在

[①] 布莱兹·帕斯卡（Blaise Pascal，1623—1662），法国数学家、物理学家、神学家。17岁时写成数学成就很高的《圆锥截线论》。1642—1644年设计制造了第一架数字计算器。研究了代数中二项式展开的系数规律（帕斯卡三角形）。对概率论的研究也有一定贡献，被公认为近代概率论的奠基人之一。还提出关于密闭流体能传递压强的定律，史称帕斯卡定律。晚年兴趣转向神学。著有《思想录》和《致外省人书》等。

人类身上同时看到二者，尤其是在人类典型的那些病症上——动物也生病，但只有人类会彻底陷入病态。

我的工作，我的生活，无一不是和病人联系在一起的。这些病人，连同他们的疾病，促使我产生了原本不可能有的新想法。它们竟如此之多，我不得不和尼采一样思考："关于疾病，我们难道不想问问，倘若没有疾病，人们还能活下去吗？"此外，我将这一问题的本质视为关乎人类的根本。我的病人不断驱使我思考问题，而我的问题又不断驱使我去思考病人。因此，在接下来的故事或研究中，这两者会不停地反复切换。

医生做研究，自然无可厚非；但为何讲故事，或分析案例呢？医学之父希波克拉底介绍了疾病的历史概念，即疾病有一个过程，从最初的暗示到高潮或危机，再到或喜或悲的结局。因此，希波克拉底引入了病例史，这是一种对疾病自然史的描述或说明，或许用"病理学"一词可精确地表述疾病的自然史。这样的历史是自然史的一种形式，但它并未告诉我们个体及其历史；当个体面对自己的疾病并努力谋求生存时，这种自然史并未传达任何个体及其经历的信息。在狭义病例史中，没有"主体"这一概念；现代病例史则使用诸如"21岁三染色体白化病雌性"这样粗略的短语，这种描述既适用于人类，也适用于诸如老鼠之类的动物。为了使人类主体（痛苦的、被折磨的、抗争的人类主体）恢复到中心地位，我们必须将一个病案深化成一段叙事或故事；唯有如此，才能有一个"谁"和一个"什么"，一个真实的人，一位病人，是与疾病和生理联系在一起的。

作者自序（1985）

患者的本质存在与更高层次上的神经学和心理学息息相关，因为这在本质上关乎患者的人格。因此，研究疾病和研究患者身份密不可分。就此相关的功能紊乱症，以及对它们的描述和研究，确实需要一门新的学科，我们可以称之为"身份的神经学"，因为它涉及自我的神经基础，即思维和大脑这一古老问题。在精神和物质之间，必然会有一道鸿沟，一道类别鸿沟；但是，研究疾病和讲述患者故事同时且不可分割地与上述两者都相关——让我特别着迷的正是这一点。总体而言，本书的内容可能会使其更接近，使我们更深入了解生物机体和人生的交叉点，了解患者生理过程与人生故事之间的关系。

作为一种传统，医学界的临床故事多姿多彩，在19世纪达到顶峰，其后随着非人格化神经科学的出现而逐渐式微。鲁利亚写道："19世纪伟大的神经学家和精神病学家如此普遍的描述能力，现在几乎消失了，这种能力必须被复活。"他的晚期作品，如《记忆大师的心灵》和《破碎的世界》，都试图复兴这一失去的传统。因此，本书的病案可以追溯到古老的传统：鲁利亚所说的19世纪的传统；第一位医学历史学家希波克拉底的传统；此外，还有那个普遍的史前传统，病人总是向医生讲述他们的故事。

经典寓言故事中多有英雄、受害者、烈士和战士的原型。神经病患者全部具有这些特征，事实上，在本书的故事里，他们的特质有过之而无不及。如果借助神话或象征性术语，我们应该如何对《迷失的水手》主人公或本书其他怪诞人物进行分类？我们可以说，他们是前往想象力难以企及的王国的旅行者，没有他们，我们就不会对这些王国有任何想法或概念。这就是为什么，他们的生活和旅程在我看来有种寓言般的品质，为什么我用奥斯勒的"天方夜谭"作为题词，为什么我觉得有必要谈论故事、寓言和案例。因为，在这样的领域里，科学界和浪漫主义者振臂高呼要走到一起——鲁利亚喜欢称之为"浪漫主义科学"。他们在事实和寓言的交会处融合在一起，这个交会处赋予了我在本书及《苏醒》一书中所描绘的患者生命的特质。

多么精彩的事实啊！多么生动的寓言故事啊！我们拿什么来与之比较呢？当前不存在任何现成的模型、比喻或神话。也许是时候创造新的符号、新的神话了吧？

这本书中的八篇曾发表过：《迷失的水手》《无用之手》《孪生数学天才》和《自闭的绘画天才》曾刊登于《纽约书评》（1984年、1985年）；《风趣的抽搐症患者》《错把妻子当帽子》以及《记忆重现》刊登于《伦敦书评》（1981年、1983年、1984年），其中，《记忆重现》以删减版问世，标题曾为"音乐耳朵"；《水平线上》刊登于《科学》（1985年）。而我对患者最早的描述是关于《苏醒》中罗丝·R.的"原型"（哈罗德·品特[1]的著作《一种

---

[1] 哈罗德·品特（Harold Pinter, 1930—2008），英国剧作家、导演。他的第一部戏剧《一间房子》(1957年)在布里斯托尔演出。1958年，伦敦上演了他的另一部戏剧《生日聚会》。之后的作品包括《送菜升降机》《轻微的疼痛》《夜出》《一种阿拉斯加》《归于尘土》等。2005年，品特被授予诺贝尔文学奖。

作者自序（1985）

阿拉斯加》中的底波拉也曾受到《苏醒》的启发），可以在本书第16篇《情不自禁的怀旧》中找到（这篇最初在1970年春季刊《柳叶刀》上以"左旋多巴诱发的情不自禁的怀旧"为题发表）。在四个"幻影"中，前两个病例曾以"临床奇观"为题发表在《英国医学杂志》上（1984年），另外两个短篇均摘自之前的著作：《跌下床的男人》节选自《单腿站立》，《希尔德加德的幻象》节选自《偏头痛》。其余12篇未曾出版，皆为原创，全都创作于1984年秋冬两季。

在此，我要向本书的几位编辑致以诚挚谢意：首先是《纽约书评》的罗伯特·西尔弗斯和《伦敦书评》的玫琳凯·威尔默斯；其次，特别感谢纽约高峰出版社的凯特·埃德加、吉姆·西尔伯曼和伦敦达克沃斯出版社的科恩·海克拉夫特。他们为本书的付梓做出了巨大贡献。

在所有神经科同行中，我必须特别感谢已故的詹姆斯·珀登·马丁医生，我给他看了"克里斯蒂娜"和"麦格雷戈先生"的录像带，并与他充分讨论了这些患者，《灵肉分离的女子》和《水平线上》这两篇权当表达我的感激之情；我在伦敦的前"负责人"迈克尔·克雷默医生（1984年）在回应《单腿站立》时，描述了他自己的一个非常类似的案例，这些材料都收入在了《跌下床的男人》里；唐纳德·麦克雷医生的视觉失认症的病例非同寻常，与我的病例近乎滑稽地相似，只不过，我是在写完自己病例文章两年后才偶然发现的，《错把妻子当帽子》的后记中对此有所提及；尤其感谢我在纽约的挚友、同事伊莎贝尔·拉潘医生，她与我讨论了许多病例；她把我介绍给克里斯蒂娜（"灵肉分离的女子"）；此外，拉潘与"自闭的绘画天才"何塞早已相识多年（在何塞很小的时候就认识他了）。

在此，我要衷心感谢患者们（以及患者亲属）慷慨无私的帮助。他们知道，我在此讲述的故事，对他们本身不会产生任何益处，但依然允许甚至鼓励我记录他们的生活，以期其他人能够学习和了解，或许有一天能够治愈此类疾病。正如在《苏醒》中所述一样，出于个人和职业隐私的考虑，患者名字和场景的细节均有改动，但我的目标始终是如实记录其生活中的最真实的"情感世界"。

最后，我向同为医生的导师致以最崇高的敬意，并将此书敬献给他。

奥利弗·萨克斯
1985年2月10日于纽约

第一部分 • **功能缺失**

导言

神经病学常用"缺失"一词指代神经功能的损伤或丧失，诸如说话、语言、记忆、视力、灵活性、认知等各种功能（或官能）的丧失。所有的功能障碍（另一个常用术语）都有带否定意义的医学术语：失音症、运动性失语症、失语症、失读症、失用症、失认症、失忆症、共济失调症，每个词都表示特定的神经或精神功能受损。病人因为疾病、受伤或者发育不良，可致部分或完全地丧失这些功能。

1861年，法国临床外科医生布罗卡发现，语言表达障碍（即失语症）通常是由于左脑某个特定区域受到损伤造成的，有关大脑和心智关系的科学研究便由此展开。这一发现开辟了脑神经科学发展的路径，也使得几十年后绘制出人脑结构图成为可能，将大脑所具有的语言、智力、知觉等特定功能同其在大脑中的特定"中心区"一一对应起来。19世纪末期，敏锐的科学家们发现，这样的人脑结构图过于简单，所有的心理过程都有其复杂的内部结构和生理基础。弗洛伊德在他的著作《失语症》中提出了这一观点，他对某些识别和知觉障碍颇有研究，并为此首创"失认症"一词。他认为，要想充分理解失语症或失认症，就必须创立一门全新的、更为复杂精妙的学科。

弗洛伊德构想的大脑与心智这一新兴学科最终在二战时期的俄国成为现实。在鲁利亚父子、列昂季耶夫、阿诺欣、伯恩斯坦等人的共同努力下,"神经心理学"诞生了。这门学科研究成果颇丰,鲁利亚为此倾注了毕生心血。鉴于该学科具有开创性意义,其在西方的传播算不上迅速。神经心理学成为一门系统的学科得益于鲁利亚两部风格迥异的著作:产生深远意义的《人的高级皮质机能》和病志传记《破碎的世界》。这两本书几近完美,但仍未涉及右脑。《人的高级皮质机能》仅探讨了与左脑有关的功能,而《破碎的世界》的主人公札兹斯基同样也是左脑遭受巨大损失,右脑则完好无损。实际上,整个神经学和神经心理学的发展史就是左脑的研究史。

忽略右脑,或称其为"次要"的半脑,主要原因在于左脑不同位置受损所产生的影响显而易见,而右脑则不然。人们便草率地推测,左脑是人类进化的瑰宝,而右脑则较为"原始"。一方面,左脑确实更复杂,分工更为精细,是灵长类尤其是人类的大脑发展到后期的自然产物。但从另一方面来说,右脑控制着认知现实的重要能力,而每个物种要想生存都必须具有这种能力。左脑像是嵌入人脑中的电脑,负责处理程序和图表,经典神经病学关注的正是这些图示,而非具体现实,因此后来出现的右脑病症就显得十分古怪。

过去也曾有人研究右脑病症,例如安东在19世纪90年代的探索以及珀兹在1928年做过的类似尝试。奇怪的是,这些尝试

并未引起重视。《工作的大脑》是鲁利亚后期的著作之一,其中有一节探讨了右脑病症,篇幅不长却引人深思,他在结尾这样写道:

> 这些缺陷仍然无人问津,这给我们提出了一个最基本的问题,即右脑在直接意识中的作用……人们一直忽视对这一极其重要的领域的研究……会有一系列论文专门对此详细地分析……尚在准备出版阶段。

鲁利亚晚年罹患绝症,在生命的最后几个月里,他确实写了几篇相关的论文,但尚未等到论文发表就与世长辞了。他把论文寄给了英国的格雷戈里,后来收录在格雷戈里《思想的伴侣》一书中,由牛津大学出版社出版,并未在俄国发表。

内因和外因的共同作用下,某些右脑综合征患者根本不知道自己得了病——他们患的是一种特有的罕见病,巴宾斯基称之为"疾病失认症",即病人觉察不到自身病症的存在。由于这种病不同于所有已知疾病,即使是最敏锐的医生也难以想象这类病人的内心世界或真实处境。相比之下,左脑综合征更容易诊治。尽管右脑综合征和左脑综合征一样普遍(不一样是毫无根据的),但查阅神经学和神经心理学的文献时,我们要读上千篇研究左脑综合征的论文,才能找到一篇有关右脑综合征的文章。右脑综合征似乎与神经学界的整体氛围格格不入。然而,正如鲁利亚所说,这一问题至关重要,甚至可能需要一门新的神经学分支学科。由于这一学科研究的是个性和自我的身体基础，鲁利亚称其为"个性化的""浪漫主义的"学科。他认为，这种学科最好以故事的形式讲述，例如，详细描述一位右脑严重受损病人的病例史，与《破碎的世界》一书互为补充和对照。他在写给我的最后几封信里说："写一写这类病史吧，即使是概述也好。这个领域大有奇妙之处。"我必须承认，自己也被这类疾病深深地吸引，因为它们可能会开辟前所未有的领域，从更广阔的视角研究神经学与心理学，一改往日的死板教条，这一点令人兴奋不已。

我感兴趣的并不是传统意义上的精神受损，而是影响自我的神经失调。此类失调种类众多，病因大致可分为神经功能过度和神经功能缺失，所以分开讨论更加合理。不过，首先要明确一点，任何疾病都不是简单的功能过度或功能缺失问题。个体一旦患病，机体就会采取某种措施（这些措施可能十分奇怪），试图恢复、替代、补偿、保持其原有特性。除了了解病人神经系统的受损情况，研究这些措施并对其施加影响也是医生的重要工作内容。艾维·麦肯齐对此做出过有力评论：

> 构成疾病或者新的疾病的究竟是什么？博物学家研究众多生物在理论上如何以一般方式适应一般环境，而医生关注的是单个的人，是与病魔斗争、力求恢复正常的人。

无论病人抗争的方式和结果有多不一样，这一"力求恢复正常"的共同动力很早以前就已被精神病学所承认,弗洛伊德在这方面(诚如其他诸多方面一样)颇有建树。他认为,偏执狂患者的妄想并非病因,而是患者在极度混乱中尝试重建世界,尽管这样的尝试往往适得其反。无独有偶,麦肯齐写道:

> 帕金森病的病理生理学研究的是一种"有组织的混乱"。原先重要的整体遭到破坏,便引发了混乱,混乱在重建的过程中得到重组,但重建的基础并不稳定。

《苏醒》一书探讨的正是这种"有组织的混乱",这种混乱由一种症状不一的疾病引起,而本书接下来的研究与之相似,也是由各类疾病引发的有组织的混乱。

本书第一部分"功能缺失"里,最重要的病例是一种特殊的视觉失认症:"错把妻子当帽子"。这类病例意义重大。因为我相信,这些病例是对经典神经学中最根本的公理和假设的强烈质疑——尤其是任何脑损伤都会降低或消除"抽象和分类能力"(库特·戈尔德施泰因[1]的说法),病人只能对感情和具体事物做出

---

[1] 库特·戈尔德施泰因(Kurt Goldstein, 1878—1965),原籍德国的美国神经病学家和精神病学家。对神经症、精神病、脑损伤等的心理治疗有大量的研究,也是为心理学研究奠定坚实的临床基础的西方知名学者之一。

反应(休林斯·杰克逊[1]在19世纪60年代发表过类似观点)。但在P博士的案例中，我们看到的情况完全相反——病人只是脑部视觉区域受损，却完全丧失了情感的、具体的、个人的、真实的感受力，只剩下抽象的和分类的能力，这样的结果简直荒唐。戈尔德施泰因和杰克逊见此情景会怎么说呢？我常设想让他们俩给P博士做个检查，然后询问他们："先生们，你们现在想说点什么吗？"

---

[1] 休林斯·杰克逊（John Hughlings Jackson, 1835—1911），英国神经内科医生，尤其以研究癫痫和卒中闻名，被后人称为"英国神经病学之父"。

1
错把妻子当帽子

P博士是一位卓越的音乐家，曾因其歌喉而风靡一时，后又转行成为本地音乐学校的名师。在学校与学生相处期间，一些奇奇怪怪的事情开始发生了。有时候，学生站在他面前，P博士却认不出来；或者再具体一点，他认不出来学生的面容。然而，学生一开口说话，他却能根据声音辨识出面前是谁。这种情况愈演愈烈，尴尬、困惑、恐惧也随之而来。当然，有时也因此妙趣横生。P博士不仅脸盲症越来越严重，甚至开始出现幻觉。这种情形让他有点憨态可掬，像个高度近视的老先生一样。比如，他走在大街上，却可能突然停下来，拍拍消防栓或停车计时器的"脑袋"，就好像它们是孩童的脑袋一样；此外，他会亲切地向雕刻花纹的门把手打个招呼，并因为对方没有回应而大感不解。一开始，这些诡异的举动被人们当成饭后谈资，一笑了之，可P博士自己从不觉得好笑。难道他不是向来都带有一种怪异的幽默感，让人觉得滑稽可笑？当然，他的音乐才华是一如既往的绚烂，身体也没有不适感。相反，他的自我感觉从未如此良好过。这些举动显得如此滑稽可笑，又是那么新奇，人们很难觉得这是什么严重的问题。三年时间了，没人觉得他"有问题"。就在这时候，他的糖尿病严重了。意识到糖尿病可能影响眼睛时，P博士去看了眼科医生。医生认真阅读了他的病例，仔细检查了双眼。"你的眼睛没有问题，"医生下了结论，"但是，大脑里的视觉区域有问题。你不用看眼科医生，必须去看神经科医生。"经由眼科医生的推荐，P博士找到了我。

很显然，在刚接触的几秒钟内，我完全没有察觉他有失智的迹象。他极具涵养、魅力十足，不仅谈吐不俗，还不乏想象力和幽默感。我甚至不解，为何医生建议他来我们的诊所。

不过，我的确觉察到一丁点怪异之处。他说话时面向我，却朝我倾斜，我总觉得有些不对劲，却又难以名状。我突然意识到，他是用耳朵而不是眼睛朝着我。他这种行为，不是看我，也不是凝视我，更不像常人那样"打量我"，并且非常专注于我的鼻子，我的右耳，下到下巴，上到右眼，似乎是注视（甚至钻研）我单个五官的特征，却看不到我整张脸，也看不到表情的变化。换句话说，就是看不到"我"这个整体。我不确定他当时是否意识到这一点，只是感觉到一点带戏谑味的诡异，他无法进行正常的眼神和表情互动。他在看我，在打量我，但是……

"有什么问题吗？"我终于开口问他。

"我也不确定，"他笑着回答，"有人觉得，我的眼睛有问题。"

"但你自己没有觉察到任何视觉问题,是吗?"

"没有,不明显,但我偶尔会看错。"

我暂时离开诊室,去找他妻子谈话。回来时,P博士平静地坐在窗边,专注于倾听外面的声音,而不是用眼睛看。"车水马龙,"他说,"街上的嘈杂,远处的列车,就像演奏着一曲交响乐,对吧?你知道霍尼格的《太平洋234》吗?"

多么可爱的人啊,我暗想。他怎么会有问题呢?他会允许我给他做检查吗?

"当然可以检查,萨克斯医生。"

一系列的检查开始了,肌肉力量、协调能力、条件反射、语调等等。在此期间,我尽量不让自己焦虑,也让他冷静下来。在检查条件反射时,左腿上细微的异常首次引起我的注意。我脱掉他左脚上的鞋子,用钥匙刮他的脚底板,这种条件反射测试看似普通却是至关重要的一环。随后,我离开诊室去调试眼底镜,留下他自己穿鞋。令我吃惊的是,我稍后回来发现,他并没有把鞋穿上。

"需要帮忙吗?"我问道。

"帮什么忙?帮谁的忙?"

"帮你穿鞋。"

"啊,我忘记穿鞋了。"随后又低声说,"穿鞋?穿鞋?"他似乎有点大感不解。

"你的鞋子,"我重复了一遍,"或许,你已经穿上了。"

他继续往下看,但看的并不是鞋子,很急切但是方向依然不对。最终,他的目光集中到了脚上:"那是我的鞋子,对吧?"

是我听错了吗？还是他看错了？

"我的眼睛啊，"他解释说，并且把一只手放在脚上，"这是我的鞋子，是不是？"

"不，那不是鞋子。那是你的脚。这才是你的鞋子。"

"啊！我以为那是我的脚。"

他是在跟我开玩笑吗？还是疯了？还是瞎了？如果这就是他的"怪异之处"，那么，这可真是我见过的最怪异的行为了。

我帮他穿上鞋子（他以为的"脚"），以免再有别的麻烦。P博士自己看起来毫无烦恼，一副无所谓的样子，可能还有点小开心。我继续给他检查。他的视觉敏锐度良好：能毫不费力地看到地上的针，但若是把物品放在他身体左侧，他有时会看不见。

他的视力没问题，但他看到的究竟是什么呢？我打开一本《国家地理》杂志，请他描述上面的几幅画。

此时，他的反应极其古怪。眼神从一处突然跳到另一处，找出细微的特征，一个一个单独的特征，就像之前打量我的五官一般。比如，一抹刺眼的亮度、某种颜色、某个形状，都会引起他的注意并且诱发评论，但他绝不会看到事物的整体面貌。他看不到整体，只能看到细节，他的视线就像雷达显示屏上跳动的小点。他从未将整个画面当成一个整体对待，也从未正面观察整个地貌。他没有任何宏观地形和完整景观的概念。

杂志封面是连绵不断的撒哈拉沙丘，我给他看了看。

我问他："你看到什么了？"

他回答说，看到了一条河，还有一间小旅馆，旅馆的露天平台临水，有人正坐着吃东西，到处都是彩色的大遮阳伞。他确实认真看了，可他的视线离开封面，盯着前方，这能算是"看"吗？他虚构了一幅不存在的画面，似乎正因这些场景在真实图片中的缺失，驱使他想象出了河流、平台以及彩色的大遮阳伞。

我当时肯定大惊失色，但是P博士似乎自我感觉很不错，脸上还露出了一丝笑意。他也许以为测试到此结束，开始四处找他的帽子。他伸出手，抓住妻子的头，试图拿起来戴上。很显然，他这是把妻子当成帽子了！他的妻子好像对此已经习以为常。

我不知道传统神经学（神经心理学）如何解释这样的事情。他在某些方面完全正常，然而在其他方面又绝对病得不轻，这实在令人费解。那时，P博士明显还在学校任教，他是怎么做到一边错把妻子当帽子，一边却能在音乐学校应付自如的呢？

我思忖良久，觉得还是得和他再见一面——在他熟悉的生活环境，也就是他的家里。

几天后，我拜访了P博士，他的妻子也在家。我的公文包里装着《诗人之恋》（我知道他喜欢舒曼）的乐谱，还有各种各样用于认知测试的小玩意。P太太领我进了公寓，公寓的屋顶很高，令人想起世纪末的柏林。一架庄严华丽的贝森朵夫旧钢琴放在房间正中，周围全是些乐谱架、乐器、乐谱之类的物件。房间里有书，有绘画，但最重要的还是音乐。P博士走了进来，微微驼着背，有些心不在焉，一只手伸向了落地式大摆钟。听到我的说话声后，他旋即调整方向，和我握了握手。我们相互问好，聊了几句当下的音乐会和演出。我怯怯地开口，问他愿不愿意唱几句。

他惊呼:"《诗人之恋》!但是我没法读谱,要不你来弹?"

我表示乐意一试。那架旧钢琴棒极了,我的演奏听起来甚至还算不错。P博士虽不再年轻,却成熟老练,魅力不减,堪与著名的男中音歌唱家迪特里希·菲舍尔-狄斯考媲美。他有敏锐的辨音能力,有浑厚的嗓音,还有过人的音乐才智。P博士能继续留校任教,并非因为音乐学校的慈善心肠,这一点毋庸置疑。

P博士的听觉皮质无可挑剔,所以他的颞叶显然并未受损。我暗想,他的顶叶和枕叶,尤其是其中负责视觉处理的区域,究竟出了什么问题?我从随身携带的一套神经学检查工具里取出几个正多面体,决定先从这个开始。

我拿起第一个多面体,问他:"这是什么?"

"自然是正方体。"

我晃了晃另一个多面体,又问:"这个呢?"

他问我可否让他仔细瞧瞧,我递给他,他有条不紊地迅速看了看,回我道:"这当然是正十二面体。剩下的你也别费心考我了——就算是正二十面体,我肯定也能答得出来。"

看来抽象形状不成问题。那人脸呢?我拿出一副纸牌,他很快认出了其中的J、Q、K,以及大小王。但纸牌毕竟是模式化的设计,很难说他看到的是人脸或仅仅只是图案。我决定把公文包里的一册漫画给他看看。和上次一样,他绝大部分都答对了,认出了丘吉尔的雪茄和匹诺曹的长鼻子——只要找到关键特征,他就能辨认人脸。但漫画也只是形式化的略图,他对如实呈现的真实面孔会做何反应仍然不得而知。

我打开电视,把声音关掉,播放了一部贝蒂·戴维斯早期的影片。正在上演的是一场爱情戏,或许是因为对演员不熟悉,P博士没有认出女主角。但更令人惊讶的是,戏里男主女主感情激烈,最初两情相悦,随后或诧异或憎恶或狂怒,最终达成和解,P博士却看不出演员脸上的任何表情。他对眼前的一切一无所知,不清楚发生了什么,不知道谁是谁,甚至连演员的性别也认不出来。他对这场戏的评论更是驴唇不对马嘴。

P博士表现不佳,也许是因为好莱坞的电影世界有些脱离现实。我突然想到,他可能更擅长分辨真实生活中的面孔。公寓的墙上挂着他的家人、同事、学生以及他自己的照片,我从中选了一沓照片,带着疑虑拿给他看。结果,看电影时闹的笑话再次上演,到了现实生活中还是如此,那就是个悲剧了。他基本上谁都认不出:家人、同事、学生,甚至他自己。他倒是认出了爱因斯坦,因为他发现了爱因斯坦标志性的头发和胡子,另外一两个人也是这么认出来的。我给他看他哥哥的照片,他说:"啊,保罗!这方下巴,这大门牙,化成灰我都认识!"但他真的认出保罗这个人了吗?还是仅仅认出了他的一两个特征,并以此对这个人的身份做出合理的猜测?没有了这些明显的"标记",他就茫然不解了。看来不仅是认识和感知存在障碍,他待人接物的整个过程都出现了严重问题。最亲近的人的脸,在他看来似乎也只是抽象的谜题或测验。他漠视这些面孔,更不会与之共情。这些面孔他一个也不熟悉,那不过是特征的集合罢了,不存在"他"或者"她",一律都是"它"。他只认得形式,却认不得人,所以才会对面部表情视而不见。对我们来说，一张脸就是一个人的外在表现，我们通过这张脸认识这个人，而P博士没有"人"这个概念，既没有外在的人，也没有内在的人。

在去P博士家的路上，我去了一家花店，花不少钱买了一朵红玫瑰别在扣眼上。这时我把花取下来给他。他接过花，俨然是拿到了一份标本的植物学家或形态学家。

他评论道："大概六英寸①长。有红色的螺旋，还附有绿色的线状物。"

"没错。P博士，那你认为这是什么呢？"我鼓励他道。

他看来茫然若失地说："不好说。它不像正多面体那样对称，不过或许它有自己更高级的对称形态……我想这应该是花序或是花朵。"

"应该是？"我反问。

"应该是。"他十分确信。

我建议他"闻闻看"，他又是一脸茫然，好像我要求他去闻一种高级的对称形态似的。但他出于礼貌还是照做了，凑近闻了闻。这时，他突然兴奋起来。

他赞叹道："真美啊！是初开的玫瑰，这花香真好闻。"他随后开始哼唱着："凋谢的玫瑰，枯萎的百合……"如此看来，了解现实不一定非得用眼睛，还可以用鼻子。

我开始做最后一项测试。时值早春，乍暖还寒，进屋后，我

---

① 1英寸等于2.54厘米。

把大衣和手套扔在了沙发上。

我拿起一只手套,问他:"这是什么?"

"能让我仔细瞧瞧吗?"他说着从我手里接过手套,细细检查一番,就像检查几何形状似的。

"表面平整,"停顿了许久,他终于开口,"能裹住东西,它好像有……"他犹豫了一下,"有五个凸出的小袋子,如果可以这么说的话。"

"没错,"我慎重地答道,"你已经描述完了,现在告诉我,这是什么?"

"是某种容器?"

"对,但是装什么呢?"我又问。

"装该装的东西呗!"P博士一下子笑了,"有很多种可能。比如说这是个零钱包,装五种大小不同的硬币,还有可能……"

我打断了他天马行空的想象:"它看起来是不是很眼熟?你不觉得它正好能装下你身体的某个部位吗?"

他并没有豁然开朗。①

小孩子注意不到"表面平整……能裹住东西",更说不出这样的话。但是任何一个小孩子看到手套都不会觉得陌生,能立刻认出这是手套,应该戴在手上。但P博士不是这样,他不熟悉任何东西。在他看来,这个世界只有了无生气的抽象概念,而他却迷

---

① 稍后,他碰巧戴上了它,随即惊呼:"天哪,这是手套!"这让我想起库特·戈尔德施泰因的病人拉努蒂,他只有在实际用到某样东西的时候才能把它认出来。——作者注

失其中了。实际上,他看不到真正的自我,所以也看不到真正的世界。关于周遭的一切,他只能描述,却无法感受。在谈到失语症和左脑损伤的病人时,休林斯·杰克逊说,他们失去了"抽象性"和"命题式"的思考能力,并把这类病人和狗相提并论(或者说,用失语症患者和狗做比较)。然而,P博士的情况正好相反,他就像一台机器。他不仅像电脑一样冷漠地看待这个世界,更令人惊讶的是,他还像电脑一样,借助关键特征和图示关系理解这个世界:通过一套专门的程序大致识别体系,对现实却是浑然不知。

做了这么多检查,我还是对P博士的内心世界一无所知。他的视觉记忆力和想象力依然完好无损吗?我让他设想从北门走进当地的一个广场,想象也好,回忆也罢,告诉我一路上会经过什么建筑。结果他列举的建筑全都在他的右边,左边的一个也没有。我又让他设想从南门进入广场,这次他提到的也全在右边,正是他上次忽略的那些建筑。而上次列举的那些建筑,这次一个都没提到,想必是这次没看到。很显然,他左脑出现的问题和视觉上的缺陷不仅是外部的,还是内部的,同样对他的视觉记忆力和想象力造成影响。

内在的形象化能力要求更高,他的表现又会如何?既然托尔斯泰几乎全靠想象塑造和刻画人物形象,我便问P博士有关《安娜·卡列尼娜》的问题。他毫不费力地想起了书里发生的重大事件,故事情节也记得清清楚楚,但对视觉上的特点、叙述与场景只字未提。他记得人物的对话,却想不起他们的脸。其实他记性很好,当被问及书里视觉描述的片段,他几乎说得一字不差。但这些描述很显然对他来说没有意义，也没有真实的感觉、想象和情感。如此看来，他也有内在的失认症。①

毫无疑问，他的问题在于几种特定的视觉功能缺陷。人脸、景物、视觉叙述、视觉戏剧的形象化能力严重受损，几乎丧失殆尽，但是总结事物纲要的能力却保留了下来，说不定还有所提高。我让他跟我下盲棋，他轻松地想象出了棋盘和棋子的走法，大获全胜。

鲁利亚说札兹斯基没法做游戏，但是他依然拥有"丰富的想象力"。札兹斯基和P博士就像是彼此的镜像，遥相呼应。他们俩最可悲的不同在于，鲁利亚笔下的札兹斯基虽遭遇厄运，却不屈不挠，意志顽强，力争恢复丧失的能力，而P博士并不想争取，没意识到自己失去了什么，甚至觉得自己什么也不缺。究竟谁更可悲，谁更不幸呢？是什么都知道的人，还是什么都不知道的人呢？

检查结束，P太太招呼我们用餐，餐桌上放着咖啡和美味的小蛋糕。P博士饿坏了，一边哼着小曲，一边享用蛋糕。他不假思索地将盘子拉向自己，吃了这个又吃那个，整套动作敏捷流

---

① 我常常思索海伦·凯勒的视觉描述，这些生动的表达是否也是空洞的呢？还是把触觉图像转换成视觉图像？还有一个更大胆的猜想，虽然她的眼睛从未向视觉皮质直接传导信号，但是通过把语言和比喻转换成感官和视觉，她或许获得了视觉想象能力？但是P博士的问题就出在视觉皮质上，它是接收一切图像信息的必要器官。有趣的是，P博士的梦里再也不会出现图片了，梦中的一切都是非视觉形象。——作者注

畅，富有旋律，简直就是一首歌颂美味的赞歌。这时突然传来一阵响亮、急促的敲门声，P博士的动作就这么被打断了。敲门声引起了他的注意，他吓了一跳，停止了进食，呆坐在餐桌旁一动不动，目光呆滞，表情漠然。他盯着桌子，却不再觉得那是一张摆满美食的餐桌。他太太给他倒了点咖啡，扑鼻的香气将他拉回现实，吃东西的旋律又开始了。

我暗自思忖，他的日常起居怎么办？穿衣洗澡上厕所如何应付？我跟着P太太走进厨房，想问她P博士是怎么穿衣服的，她向我解释："和吃饭差不多。我把他常穿的衣服挑出来放在老地方，他一边唱一边穿，没什么问题。他做什么事都要唱歌，一旦被打断就没了头绪，完全停在那里，认不出自己的衣服，甚至连自己的身体也变得陌生。他一直都在唱歌，吃饭唱，洗澡唱，穿衣服唱，做每件事都要唱。要是不把每件事变成歌，他就什么都做不了。"

和P太太说话的时候，我注意到墙上的画。

P太太说："是的，他画画和唱歌一样好，学校每年都会展出他的画作。"

我好奇地逛了逛，发现这些画是按创作时间排列的。他早期的作品都是自然主义风格，追求写实，工于细节，生动活泼。几年之后的作品画风一变，不再生动具体，不再写实自然，变得更加抽象，注重几何图形，偏向立体主义。最后几幅油画只有混乱的线条和不规则的斑点，让人看了不知所云，至少给我的感受是这样。我对P太太发表了上述评论。

她惊呼:"哎呀,你这医生不懂艺术!你难道看不出这是他艺术风格的成长历程吗?看不出他摒弃了早年的现实主义,逐渐成长为抽象派艺术家?"

"不,不是这样的。"我自言自语,忍住没再反驳。他的画作从现实主义到非写实主义再到抽象主义,并非艺术风格日渐成熟,而是病情不断加重。随着视觉失认症不断恶化,他再也无法描述,无法感知图像、现实和具体的事物。墙上的画作与其说是艺术,不如说是悲哀的神经病病史。

我转念一想,P太太是不是也说对了一部分呢?有趣的是,疾病和创作往往互相冲突,但有时也能共存。也许在他的立体主义创作时期,艺术和病情都在发展,两者共同作用,一种原创风格应运而生。既然再也无法感知具体事物,说不定他的抽象认知能力还有所进步,对一切构图元素更加敏感,诸如线条、边界、轮廓等。他几乎是在用毕加索式的风格去观察和描绘,把抽象元素融入具体事物中,后者自然败下阵来……最后几幅画只剩一片混沌,恐怕这时P博士已经得了失认症。

我们回到那个贝森朵夫钢琴置于正中的大房间,P博士正哼着曲子,吃着最后一块蛋糕。

他问我:"好了,萨克斯医生,我想你一定觉得我的事情很有趣。你能告诉我哪里出了问题,给我一些建议吗?"

我回答他说:"我说不上来哪里出了问题,但我知道哪里没有问题。你是一位优秀的音乐家,音乐是你的生命。像你这种情况,如果要我开药方的话,就是让生活充满音乐。音乐一直是你的中心,现在就让它成为你的全部吧。"

四年过去了,我再也没见过他。但我常常在想,P博士处理图像的能力莫名其妙地丧失了,超人的音乐才能却完好无损,他是怎么理解这个世界的呢?我相信对他来说,音乐已经取代了图像。他认不出身体的形象,却能读懂肢体的音乐,也正因为如此,一旦内在的音乐停下来,他流畅的动作和行为也会戛然而止,整个人困惑不已。如果外界的音乐停止,也会是这样……①

叔本华在《作为意志和表象的世界》一书中说,音乐是纯意志的表现。如果叔本华见到P博士,发现他失去了作为表象的世界,却完好地保留了作为音乐或者说作为意志的世界,该有多兴奋啊!

P博士大脑视觉区有个肿瘤,所以视觉逐渐退化,病情日益加重。所幸他还能唱歌,还能传授音乐,可以就这样安度晚年。

---

① 我后来从他妻子那里得知,如果P博士的学生坐着不动,如静止的"图像"一般,他就谁都不认识,但是他们只要动一下,P博士就能马上认出来。他大喊:"那是卡尔,我认得他的动作,他的肢体音乐。"——作者注

后记

P博士认不出手套,这种失能该做何解释?很显然,他虽然能做出大量认知性的假设,却没法做出认知性的判断。做判断既宽泛又具体,依靠直觉,因人而异。我们通过事物彼此之间的关系认识事物,而P博士欠缺的正是这种建立联系的能力(尽管他在其他领域能迅速做出准确判断)。这是不是视觉信息不足,或者视觉信息处理不当造成的呢(经典结构神经学很可能会做此解释)?还是P博士的认知态度出了问题,导致他无法将见到的东西和自己联系起来?

各种解释或解释模式同时存在,各不相同,但并不矛盾,说得也都没错。直接也好,间接也罢,经典神经学都认可这一观点:麦克雷发现体系存在缺陷(即处理和整合视觉信息的过程出了问题),这一解释并不充分,等于含蓄承认了这一点而已;戈尔德施泰因提到"抽象态度",这是直接言明的。抽象态度一说尽管认为病人仍有分类能力,但还是不能很好地解释P博士的病情,或者说,不能很好地从总体上解释"判断力"这一概念。P博士确实有抽象态度,实际上,他也只有抽象态度,正是这种荒谬的抽象态度,害得他什么都不认识,更无法做出判断。

奇怪的是，神经学和心理学探讨过许多问题，唯独没有提及判断力，而判断力的丧失正是造成神经心理疾病的根本原因（P博士的案例较为特殊，更常见的是科尔萨科夫综合征，也就是额叶综合征，参见第12、第13篇）。判断力和身份认知能力损伤严重，神经心理学却只字不提。

然而，不管是康德的哲学理论，还是经验主义和进化学说的观点，都认为判断力是我们拥有的最重要的能力。动物和人类没有"抽象态度"也能应付自如，但一旦失去判断力就会迅速灭亡。判断力是高级生命和高级思维的第一要素，但是经典神经学（或者说计算神经学）却忽视它、曲解它。如果追问为何会出现这种荒唐的局面，我们就会发现，神经学的基本假设和发展过程难辞其咎。从休林斯·杰克逊的机械模拟到今天的电脑模拟，经典神经学和经典物理学一样，十分机械。

不可否认，人脑就是一部机器或者一台电脑，经典神经学也没说错。有了心理过程我们才得以存在、延续，而心理过程不仅是抽象的、机械的，更是人性化的，不仅涉及归类，还要不断地判断和感受。一旦丧失这一功能，我们就会像电脑一样，P博士就是如此。同样，如果把个性化的感受和判断从认知科学里剔除，认知科学就会像P博士这样产生缺陷，无法理解具体的现实。

通过这样一个滑稽而又可怕的类比可以发现，我们当代的认知神经学和认知心理学面临的困境，和P博士的问题如出一辙。我们亟须具体的现实，P博士亦是如此；我们没能看清这一点，P博士也不例外；和P博士一样，我们的认知科学本身也患有失认症。这样看来，P博士的案例像是一个寓言故事，为我们敲响了警钟：如果一门科学回避判断力、具体化、个性化，一味地抽象化、计算化，后果将不堪设想。

由于受到环境限制，我无法继续跟进P博士的案例，所以既没能找出真正的病因，也无从观察和研究，实乃一大遗憾。

医生都怕碰上疑难杂症，尤其是P博士这样的罕见病例。有一次，我偶然在1956年的《大脑》期刊上发现一篇高度相似的病例详述，这一发现让我欣喜不已，也松了口气。从神经心理学和现象学来看，两个病例几乎一模一样，但是根本的病因（头部严重受损）和个人环境则相去甚远。该作者认为他们这个案例"在神经病史上十分罕见"，很显然，他们和我一样，对这一发现惊奇不已。[1] 本文对该案例只做简单概括和部分引述，感兴趣的读者请参阅麦克雷和特罗勒1956年发表的原文。

该病例是一位32岁的年轻人，经历了一次严重的车祸，昏迷了三周。"……他只抱怨无法识别人脸，连妻儿也认不出来。"

---

[1] 写完这本书我才发现，其实相关文献很多，有人研究一般的视觉失认症，也有人专门探讨面孔失认症。最近，我非常荣幸当面见到了安德鲁·凯尔泰斯，他对这类失认症病人做了极为详尽的研究，发表了不少文章，例如在1979年发表了一篇有关视觉失认症的论文。凯尔泰斯医生向我提供了几个案例：一位农夫患了面孔失认症，因此认不出奶牛的脸；一位自然历史博物馆的接待员也得了这种病，他把自己的影子误认为是猩猩的透景画。跟P博士以及麦克雷和特罗勒的病人一样，他们尤其认不出有生命的东西。在此类失认症和一般视觉处理这一领域，鲁利亚和达马西奥所做的研究最有价值。——作者注

没有一个面孔让他感到熟悉,他只记得三张脸,是他的三位同事:一个人的眼睛眨个不停,另一个人的脸上有颗大痣,还有一个人"又高又瘦,没有人像他一样"。麦克雷和特罗勒指出,他们三个"能被认出来完全是因为提到的这些显著特征"。跟 P 博士一样,他只能通过声音分辨熟悉的人。

这位患者连镜子里的自己都不认识,麦克雷和特罗勒对此有过详细描述。"在康复初期,尤其是刮胡子的时候,他常常怀疑镜子里盯着他看的那张脸是不是自己的,尽管清楚那张脸不大可能是别人的,他有时还是会扮鬼脸、吐舌头,'确认一下'。以前'立刻'就知道镜子里的脸是自己的,现在要仔细研究一番才能慢慢想起来——他通过头发、面部轮廓、左脸的两颗小痣认出自己。"

从总体上看,他没法"一眼"就认出东西,但可以找到一两个特征并以此推测,偶尔会错得离谱。作者提到,他识别有生命的东西时十分吃力。

但是他能轻易辨识简单的象征性的物体,比如剪刀、手表、钥匙等。麦克雷和特罗勒还提到,"他的地形记忆非常奇怪。他能从家走到医院或者医院附近,但是说不出沿途经过的街道(不同于 P 博士的是,他还有失语症),也想象不出走过的路线,这似乎是个悖论"。

毫无疑问,在他身上关于人的视觉记忆(即使是早在车祸发生前的记忆)严重受损。行为记忆或者说行为习惯依然存在,但是关于外表和面孔的记忆却消失了。通过仔细查问,专家发现他的梦里不再出现视觉图像。和 P 博士一样，这个年轻人失去的不仅是视觉感知能力，还有视觉想象力和视觉记忆等最基本的视觉重现能力——总之，他对任何事物都感到陌生，丧失了对人和具体事物的辨识能力。

最后说一件有趣的事。P 博士把他的妻子当成了帽子，而麦克雷的病人也认不得自己的妻子。他让妻子找个标记好让她自己显眼些，最好是"……一件惹人注目的衣物，比如一顶帽子"。

2
迷失的水手

只有当记忆开始丧失,哪怕只是一点一点丧失的时候,我们才能意识到全部的生活都是由记忆构成的。没有记忆的生活不算生活……记忆是我们的内聚力,是我们的理性,我们的行动,我们的情感。失去它,我们什么都不是……(我只能等待着失忆症最终的到来,抹去我一生的记忆,就像母亲曾经经历的那样……)

——路易斯·布努埃尔[①]

[①]路易斯·布努埃尔(Luis Bunuel,1900—1983),西班牙电影导演。主要在法国和墨西哥拍摄电影。他导演的电影多采用超现实主义的摄影技巧。他导演的电影主要有:《安达卢西亚的小狗》(1928年)、《黄金年代》(1930年)、《维里迪亚纳》(1961年)、《绝灭的天使》(1962年)和《欲望所难以追求的东西》(1977年)。

这段话出自布努埃尔最近被翻译出版的回忆录，读之令人动容，又令人不寒而栗。他的话，让人想到临床上、现实中、存在主义、哲学都要考虑的基本问题：如果一个人丧失了大部分记忆，最终忘记了自己的过去，忘记了曾经驻足留恋的一切，他会过一种什么样的生活？他会处在一个什么样的世界？他又会变成什么样子？

这让我立刻想到一个接诊过的病人，他的病情就是这些问题的最佳写照。他叫吉米·G，英俊聪明，但是记忆力很差。他在1975年初住进我们在纽约附近的老年之家，转院记录写得很隐晦：不能自理，焦躁不安，稀里糊涂，茫然不知所措。

吉米虽已年近50，但长得很俊，有一头卷曲浓密的灰发，显得格外精神。他友好而亲切，成天乐呵呵的。

他跟我打招呼，"嗨，医生！早！这张椅子我能坐吗？"他和蔼可亲地跟我聊天，回答我的问题，告诉我他的名字和生日，还有出生地，那是康涅狄格州的一个小镇。他声情并茂地描述每一个细节，甚至还画了一幅地图给我看。说起他们家曾经住过的房子，他连家里的电话号码都还记得。他还谈到他的学校、他的校园生活、曾经的朋友，以及他对数学和科学的痴迷。提到海军岁月，他更是激情洋溢：1943年应征入伍的时候，他才17岁，刚刚高中毕业。他是学工程的料，在无线电这方面极具天赋，从得克萨斯州一个速成班毕业之后，就在一艘潜水艇上担任无线电助理接线员。他记得服役过的每艘潜水艇的名字和使命，记得在哪里驻扎过，还记得同船船员的名字。莫尔斯电码他也记得清清楚楚,还能熟练地盲打莫尔斯电码、拍发莫尔斯信号。

他早年的生活充实而有趣,他对于这段生活的回忆生动详细,怀念之情溢于言表。但是不知为何,他的回忆总是停在某个阶段。他回忆过去,在想象中再次体验了他的军旅生涯,他服兵役,随军参战,战争结束后开始规划未来。他渐渐爱上了海军这份职业,想过当一辈子海军。但是考虑到《退伍军人权利法案》的优惠政策,他觉得最好还是去读个大学。他哥哥当时在会计学院上学,和一个来自俄勒冈州的姑娘订了婚,她是个"大美人"。

吉米在回忆中重温光辉岁月,整个人神采奕奕,似乎谈论的不是过去,而是当下。我惊讶地发现,他在回忆从读书到参军的这段日子时,句子时态发生了变化,从过去时态变成了现在时态。小说中为了使得所述内容显得真切,叙述过去发生的事情也会使用现在时,但我感觉他并非有意这样使用,更像是在描述当前的经历。

我的脑海里突然闪过一个奇怪的念头。

为了掩饰疑惑,我假装随意地问他:"今年是哪一年啊,格林先生?"

"1945年啊,医生,怎么了?"他接着说,"我们打赢了这场战争,罗斯福死了,杜鲁门上台,好日子在后头哩。"

"那你呢,吉米,你今年多大了?"

他表情奇怪,有些不确定,犹豫了一下,似乎在忙着计算年纪。

"怎么了?我现在19岁了,医生。明年我就20岁了。"

看着面前这个灰发男人,我产生了一种冲动,做了永远都无法原谅自己的事。如果吉米还记得这件事,这将是他经历的最残忍的事。

"看这里,"我一边说,一边把镜子拿到他面前,"照照镜子,告诉我你看到了什么,镜子里的是一个19岁的小伙子吗?"

他一下子面如死灰,双手抓住椅子的扶手,喃喃自语:"天哪,发生了什么?我怎么了?这是个噩梦吗?我疯了吗?有人在开玩笑吗?"他焦虑不安,乱作一团。

我安慰他说:"没事的,吉米。一定是弄错了,没什么可担心的。"我带他走向窗边,"春天真美好啊!看到那群孩子打棒球了吗?"他渐渐有了笑意,脸色红润起来。我悄悄离开,带走了那面可恶的镜子。

两分钟后,我再次走进那个房间。吉米还站在窗边,兴致勃勃地看楼下的孩子们打棒球。我一开门,他便转过身来,笑容满面。

他又跟我打招呼说:"嗨,医生!早!你是想找我聊聊吧——这张椅子我能坐吗?"他一脸坦诚,似乎没认出我。

我不经意地问他:"格林先生,我们之前没见过吗?"

"我觉得没见过。你长了那么多胡子,如果真的见过,我肯定记得你,医生!"

"你为什么叫我医生?"

"因为你是医生,不是吗?"

"没错。但是如果你没见过我,怎么会知道我是医生?"

"你说话的方式像医生。我能看出来你就是医生。"

2 迷失的水手

"是的,你说得没错,我是这里的神经科医生。"

"神经科医生?呀,我的神经出问题了吗?还有,'这里'是哪儿?这到底是什么地方?"

"我正想问你呢,你觉得你在哪里?"

"我看到好多床,到处都是病人,我觉得应该是医院。天哪,我怎么会在医院呢?医院里都是老人,我比他们年轻几十岁,我感觉自己身体很好,壮得像头牛。也许,我在这里工作……是吗?我的工作又是什么呢?……不对,你在摇头,你的眼神在说不是。如果我不在这里工作,就是被送进来的。我是个病人吗?我生病了,自己却不知道,是这样吗,医生?太疯狂了,太恐怖了……是不是有人在开玩笑啊?"

"你不知道怎么回事?真的不知道吗?你告诉我你的童年往事,你在康涅狄格州长大,在潜水艇上当无线电接线员,还有你的哥哥和一个俄勒冈州的姑娘订了婚,你不记得了吗?"

"嘿,你说得都对。但我没跟你说过,我从来都没见过你。你肯定是看了我的病历才知道这些的。"

"好吧。"我说,"我给你讲个故事。一个人去看医生,说自己记性不好,医生就列了几个常规问题,然后问:'这些问题平时能记住吗?'结果病人回答:'哪些问题?'"

"原来我的问题出在这儿。"吉米笑了,"我确实有点这方面的问题,有时刚发生的事情转眼就忘,过去的事情却记得清楚。"

"我可以给你做个检查吗?做几个小测试就行。"

他亲切地说:"当然可以。悉听尊便。"

031

智力测试环节他表现得非常好，他机敏过人，观察力强，逻辑清晰，解决复杂的问题也不在话下——前提是这件事很快就能完成。如果需要很长时间，他就会忘记自己在做什么。他擅长下井字棋和西洋跳棋，出棋很快，善于谋略，轻松地赢了我。但是国际象棋把他难住了，因为每走一步需要思考很久。

我仔细研究了他的记忆，发现他的近期记忆消失得太快了。跟他说过的话，给他看过的东西，他几秒钟就忘得一干二净。我把我的手表、领带、眼镜摆在桌子上，把它们盖起来，再让他记一记。闲聊了一分钟后，我问他盖住的是什么东西，他一个也不记得，甚至连我让他记东西这件事也给忘了。于是，我又做了一次测验，这次还让他写下了三样东西的名字，结果他还是忘了。我把他写的那张纸拿给他看，他惊讶不已，说不记得写过什么东西。但他承认那是他的笔迹，随后想起来好像是有这么回事。

他有时会保留一些模糊的记忆，隐约觉得熟悉，好像做过这件事。我跟他下了井字棋才过去五分钟，他回忆说"不久前""有个医生"和他下过棋，但是他想不起来这个"不久前"是几分钟前还是几个月前。他停了一会儿，然后问我："这个人就是你吧？"当我承认的时候，他看起来很愉快。这种微妙的开心和冷淡很有个人特色，就像他在时间的长河中迷失了方向，时不时陷入沉思一样。我问吉米现在是一年中的什么时候，他立刻东张西望，试图寻找线索，但是桌子上的日历被我事先拿走了，他就只能望向窗外，大致猜测现在的时节。

看样子，他并不是记不住东西，只是他的记忆转瞬即逝，一分钟甚至更短的时间内便被抹去,受到外界干扰或注意力分散的时候尤其如此,尽管他的智力和感知能力依然出色。

吉米酷爱数学和科学,他的理科知识和一个优秀的高中毕业生不相上下。算术运算和代数运算只要很快能解开,便难不倒他。但如果步骤烦琐,耗费很长时间,他就会忘记做到哪一步了,甚至连题目也一并忘掉。他知道化学元素,清楚其中的关系,还能画元素周期表,但表上没有铀之后的元素。

他画完之后我问他:"画完整了吗?"

"画完整了,医生,这是我知道的最新的周期表。"

"铀之后还有别的元素,你一个都不知道吗?"

"你在开玩笑吧?只有92个元素,铀是最后一个。"

我略停了一会儿,翻开一本《国家地理》杂志放在桌子上,对他说:"说说行星吧,给我讲讲和行星有关的事。"他毫不犹豫,自信地向我讲述行星的名字、预估质量、特点、重力、与太阳的距离以及相关的发现。

我给他看杂志上的一张照片,问他:"这是什么?"

他回答:"月亮。"

"不,这不是月亮。"我说,"这是在月亮上拍摄的地球的照片。"

"医生,你说着玩吧!要想在月球上拍照,得先有个人把照相机带到那儿才行!"

"没错,就是这样。"

"天哪!你肯定在开玩笑——这怎么可能呢?"

除非是个技艺精湛的演员,或者是个骗人高手,才能活灵活现地装出一副吃惊的样子。所以这有力地证明了他还活在过去。他的谈吐，他的感受，他天真的好奇心，他为了弄明白所见所闻而做的努力，都像是一个聪明的40年代的小伙子，眼前的一切对他而言都是还未发生的未来，实在难以想象。我在笔记中写道："这件事比其他任何事都让我确定，他的记忆确实停留在了1945年左右。我拿给他看，说给他听，他惊诧不已，仿佛一个生活在斯普特尼克一号卫星发射之前的那个年代的年轻人。"

我在杂志里发现了另一张照片，把它推到吉米面前。

他说："这是一艘航空母舰，真正的超现代设计，我还没见过这种样式的。"

我问他："它叫什么名字呢？"

他看了一眼杂志，一脸困惑地回答我："尼米兹号！"

"有什么问题吗？"

"见鬼了！"他激动地说，"我知道所有航母的名字，却没听说过尼米兹号……确实有个海军上将叫尼米兹，可我从没听说过以他的名字命名的航母。"

他气愤地把杂志丢到一边。

接二连三的怪事给他带来了压力，令人惶恐的弦外之音他没法完全不在意。他累了，有些恼火，渐渐焦躁起来。我无心的发问引起了他的恐慌，谈话该结束了。我们再次走到窗前，俯视阳光照耀的棒球场。看着看着，他的表情开始放松，把尼米兹号、卫星照片还有其他令他惶恐的事情抛到脑后，专注地观看楼下的棒球比赛。不久，餐厅里飘来一阵香味，他舔了舔嘴唇，说了声

2 迷失的水手

"吃饭啦",朝我笑了笑便离开了。

我百感交集。想到他的生活陷入不知所措的境地,一点点土崩瓦解,我就感到困惑,感到荒谬,感到揪心的痛。

我在笔记中写道:"可以说,他被困在生命中的某个阶段,却忘记了周遭的一切,只有一片空白……他没有过去,也没有未来,永远停留在某个不断变幻却又毫无意义的瞬间。"随后的检查记录略显无聊,"其他的神经检查结果完全正常。诊断结果:酒精引起下丘脑的乳头体退化,可能是科尔萨科夫综合征。"我的笔记里既有严谨详细的事实描述和观察记录,也有情不自禁的沉思:这样的疾病对他意味着什么?他是谁?他在哪?他的记忆力如此之差,他的生活没有连贯可言,我们还能说他"活着"吗?

做笔记的时候,我一直迷信地思考"迷失的灵魂"这个问题:如果一个人没有根,或者他的根在遥远的过去,他该怎样建立连贯的记忆呢?又该怎样扎根呢?

"其实只要把记忆连接起来就好了。"但是吉米该怎么做呢?我们该怎么做才能帮到他呢?如果不把记忆连接起来,生活会变成什么样子?休谟曾经说过:"我敢断言,人只不过是由许多不同的感觉累积而成的一个集合或包裹,永远处在一种快到无法想象的流动速度中而相互汰换。"从某种意义上讲,吉米已经沦落成为"休谟式"的人了。我不禁想,要是休谟见到了落魄的吉米,看到他这般不断变化、前后不一、支离破碎,发现自己的哲学思想有了活生生的例子,该有多高兴啊!

也许医学文献能给我提供一些建议和帮助，但不知为何，医学文献大部分都是用俄文撰写的。比如科尔萨科夫1887年在莫斯科发表原创论文，对这类失忆症进行了研究，所以这类失忆症至今仍被称为"科尔萨科夫综合征"，还有鲁利亚的《记忆神经心理学》一书直到我接诊吉米的第二年才出现译本。科尔萨科夫在1887年的论文里写道：

> 只有近期记忆受到影响，近期发生的事情很快就会遗忘，早年的事情却能保持良好记忆。因此，病人的聪明才智、洞察力和随机应变的能力均未受到影响。

科尔萨科夫的研究成果丰富，但也留下了许多空白。一个世纪以来，许多学者做了进一步的研究——迄今为止，研究得最深入的人当数鲁利亚。鲁利亚用诗一样的语言叙述科学，讲述严重的失忆症患者的故事，富有感染力。他写道："这类病人对每件事的印象总是混乱的，也分不清事情发生的先后顺序，所以他们不再拥有完整的时间感，活在一个孤立的印象式的世界里。"也正如鲁利亚所说，之前的记忆同样会受到影响，变得混乱或者消失殆尽，"严重的时候，甚至会波及很久之前的记忆"。

本书提到的鲁利亚的病人大多有严重的脑肿瘤，这种病和科尔萨科夫综合征对记忆的影响差不多，但是后期会扩散，并且往往是致命的。鲁利亚没有记录纯粹的科尔萨科夫综合征病例，而据科尔萨科夫描述，该综合征的自限性破坏力在于——下丘脑的乳头

2 迷失的水手

体虽体积很小但至关重要,其中的神经细胞受酒精刺激会遭到破坏,而大脑其他部位则保持完好。所以鲁利亚没有长期随访病例。

吉米的记忆在 1945 年突然中断,我一开始对此深深地怀疑,甚至不相信,但是那个时间点,那段日子,又是如此与众不同。我在随后的笔记里写道:

> 他的记忆里有一大片空白。我们不知道他在那段时间以及之后的日子里经历了什么……我们必须把"失去的"那些年找回来——我们可以联系他的哥哥,他服役过的海军部队,还有他住过的医院……有可能他当时受到了严重的精神创伤,或者在战争中经历了脑部刺激或感情挫折,这种影响从此一直伴随着他……打仗的那段日子是不是他人生中最辉煌的岁月呢?是不是他陷入长期的失忆状态前,最后一次真正地活过呢?[1]

---

[1] 在那本引人入胜的口述史书《正义的战争》里,斯特兹·特克尔转述了许多人的故事,尤其是参加过战争的男人,他们觉得二战记忆犹新,那是他们一生中至今最真实最重要的时刻,任何事情与之相比都会黯然失色。这些人沉湎于和战争有关的一切,追忆战役、战友情谊、强烈而真挚的感情。他们怀念过去,却不大关心现在,但是这种对当下的感受与记忆的情感迟钝与吉米的情况不同,吉米得的是器质性失忆症。我最近有机会和特克尔探讨这个问题,他告诉我:"这种人我见过上千个,他们觉得自己 1945 年以来一直在'原地踏步'。但是在失忆症患者吉米那里,时间就此停止了脚步,我还没见过这样的。"——作者注

我们给他做了各种各样的检查（脑电图、脑部扫描等），发现他的大脑没有严重损伤，不过这些检测看不出乳头体有没有萎缩。我们收到了海军发来的报告，报告说吉米1965年退役，服役期间表现十分出色。

我们又从贝尔维尤医院找到了一份破损不堪的简短报告，签字日期是1971年，报告中说吉米"彻底糊涂了……酗酒引发了严重的器质性脑综合征"（肝硬化就是这时候患上的）。从贝尔维尤医院出院后，他被送进了一所乡下的养老院，那里的环境脏、乱、差，条件恶劣，缺衣少食，1975年他被解救出来，住进了老年之家。

我们找到了他的哥哥，就是吉米常常念叨的在会计学校上学并且和一个俄勒冈州的姑娘订了婚的哥哥。其实，他哥哥和那个姑娘早已成婚，当了爸爸，还当了爷爷，从事会计工作已经三十多年了。

我们原以为，他哥哥会激动不已，能提供不少信息，然而我们收到的信里只有客套的只言片语。读完这封信，我们可以从字里行间推断出，这兄弟俩1943年就分道扬镳了，几乎再没见过面，一部分原因是两人身处天南海北，职业也相去甚远，还有一部分原因是两人禀性不合（其实也没到决裂的地步）。看起来吉米是个"乐天派"，还是个"酒鬼"，从来没"安定下来"。他哥哥觉得军旅生活作息规律，所以真正开始出现问题应该是在1965年。那一年吉米从海军退役，没了惯常的作息，也没了安全感，他不再工作，"身心崩溃"，开始酗酒。60年代中后期（尤其是后期），吉米出现了记忆障碍，科尔萨科夫综合征开始发作，他不以为意，尚能自理。1970年开始，他酗酒越来越厉害。

吉米的哥哥后来才知道，就在那年的圣诞节前后，吉米突然变得极度亢奋，精神错乱，常常"暴跳如雷"，也就是那时候他被送进了贝尔维尤医院。之后的一个月，异常兴奋和精神错乱的症状逐渐消失，奇怪的是，他又出现了严重的记忆障碍，用医学术语来讲，叫"失忆症"。他哥哥在这时候探望过他一次，两人已经二十年没见面了。让哥哥感到震惊的是，吉米不仅没认出他，还说："别开玩笑了！你老得都能做我爸爸了。我哥哥是个年轻人，还在会计学校读书呢。"

我得知这件事后更加迷惑不解，为什么吉米不记得海军生涯后几年的日子？为什么直到1970年才开始回忆和组织之前的记忆？那时，我还没听说过这类病人会出现逆行性失忆症（详见后记）。我曾在笔记里写："我怀疑吉米患上的可能是歇斯底里型失忆症或者是解离性失忆，他可能在逃避痛苦的记忆。"我建议精神病医生也给他做个检查，精神病医生的报告深入而又详细。检查包括一项阿米妥钠测试，据说可以"释放"出所有可能被压抑的记忆。医生还尝试催眠吉米，希望找回被歇斯底里症压抑的记忆，催眠治疗歇斯底里型失忆症有显著效果。但是催眠对吉米并不奏效，吉米没法被催眠，不是因为吉米"抗拒"，而是他的失忆症太严重，忘记了催眠师在说什么。何莫诺夫医生在波士顿退伍军人管理局的医院工作，他告诉我他也经历过类似的病例，他感觉这绝对是科尔萨科夫综合征病人的特征，而不是歇斯底里型失忆症患者的症状。

精神病医生写道:"我觉得没有证据可以证明他有歇斯底里症或者他在假装失忆。他没有动机造假,也没有本事造假。他的失忆症是生理上的,是永久性的,无法治愈。至于他的记忆为什么停留在那么久远的以前,这一点实在令人费解。"她觉得既然吉米"毫不在意……没有表现出异常的焦虑……不构成管理方面的问题",她也没什么好办法,实在爱莫能助。

至此,诸如情感和器官的其他因素均已排除,我确定吉米患的就是"纯粹的"科尔萨科夫综合征,我给鲁利亚写信,征求他的意见。他在回信里提到了他的失忆症病人贝尔[1],贝尔丧失了过去十年的记忆。至于为什么这类逆行性失忆症不能回溯到几十年前甚至一生,他也不知道原因。正如布努埃尔所写的那样:"我只能等待着失忆症最终的到来,抹去我一生的记忆。"但是不知为何,吉米的失忆症抹去了他的记忆,也抹去了他的时间,他永远停在了1945年前后。他偶尔也能想起在那之后的事情,但是只有零星的片段,也理不清事情发生的先后顺序。他有一次看到报纸的标题上有"卫星"这个词,随口说自己曾在"切萨皮克湾"号轮船上参与卫星追踪项目,这一小段记忆应该发生在60年代前中期。但是实际一点看,他记忆的中断点应该就在40年代中后期,之后所有的记忆都支离破碎,断断续续。这是1975年吉米的情况,九年过去了,现在他还是这样。

---

[1] 详见鲁利亚所著的《记忆神经心理学》(1976年)。——作者注

2 迷失的水手

我们能做什么呢？我们应该做什么呢？鲁利亚写道："这种病人无药可救。动用你的聪明才智，本着真心，能做点什么就做点什么。想恢复他的记忆希望很渺茫。但是人不只有记忆。人有感觉，有意志，有感情，有道德——这些都是神经学无法丈量的。也许超越客观心理学的范畴，你才能影响他、改变他。与我所在的诊所和科研机构不同，你就职的老年之家就是一个小小的社会，在这样的工作环境里大有可为。从神经心理学上来说，你无能为力；但如果进入个人世界，你能做的还有很多。"

鲁利亚提到他的病人库尔，库尔有着少见的自我意识，绝望中带着奇怪的平静。库尔说："我没有现在的记忆。我不知道自己刚刚做了什么，也不知道自己刚刚从哪里来……我清楚地记得我的过去，但我对于现在没有任何记忆。"当被问及他是否见过给他做检查的人，他回答："我不能说见过，也不能说没见过，我既不能肯定也不能否定我见过你。"吉米有时也是如此。和库尔一样，吉米在同一家医院住了几个月之后就会有"熟悉感"。他渐渐习惯了老年之家的生活，知道餐厅在哪里，卧室在哪里，电梯和楼梯在哪里。他也在某种意义上认识了部分工作人员，虽然常常把他们和过去的熟人记混（这也是没办法的事）。他很快对老年之家的一位修女护士产生了好感，能够立刻认出她的嗓音和脚步声，但他老说她是自己的高中同学。当我称她为修女时，吉米大吃一惊。

他惊呼："哎呀！怎么会这样！我从来没想过你会成为宗教人士，成为修女！"

吉米自从1975年初来到我们的老年之家,从未持续地认出我们当中的任何一个人。他真正认识的人只有他哥哥,每次他哥哥从俄勒冈州来看他,他都一眼就认出了他。两人的会面十分动人,这也是吉米唯一的真正的温情时刻。吉米很爱他哥哥,认得出哥哥,但不理解为何哥哥如此苍老。"可能有些人衰老得比较快。"他说。事实上他哥哥看起来比实际年龄年轻得多,脸庞和身材没怎么走样。他们俩的见面才是真正意义上的见面,吉米只有在这时才会把过去和现在连接起来,不过他并未因此形成历史感或延续感。至少对于他哥哥还有在场的旁观者来说,兄弟俩的见面表明吉米还活着,像化石一样,活在过去。

起初我们所有人都对帮助吉米这件事充满希望——他和蔼可亲,讨人喜欢,既聪明又敏锐,很难相信他已经无药可救。但是我们从没遇到过,也从没想象过如此严重的失忆症,就像是一个无底洞,一个深不可测的记忆黑洞,任何东西、任何经历、任何事件都会掉下去,然后被无情地吞没。

我第一次见他的时候就建议他写日记,鼓励他把每天的经历、感受、想法、回忆、反思都记下来,然而这个尝试根本行不通。起初他总是弄丢日记本,所以他必须想个办法随身携带。后来他倒是恪尽职守地随身带着日记本,但他认不出自己先前写的日记。他承认那的确是他的笔迹和文风,常常吃惊地发现自己前一天竟然写下了这些东西。

他很吃惊,却又漠不关心,因为他实际上是一个没有"昨天"的人。他的日记既不呼应前文,也不为后文做铺垫,没有时间概念,毫无连贯性可言。而且他写的都是琐事,"早饭吃了鸡蛋""在电视上看了球赛",日记的内容缺乏深度。但是这个失忆的人还有深度可言吗?他还有坚定的思想和感情吗?还是说他已经沦落成为一个休谟式的人,成天胡说八道,记忆里只有毫不相关的印象与事件?

至于这种丧失了记忆、丧失了自我的深深的悲哀,吉米可以说知道,也可以说不知道。(如果一个人没了一条腿或者一只眼睛,他就会知道他没了一条腿或者一只眼睛;但是如果他丢失了自我,他丢失了他自己,他就不会意识到这件事。他自己都不存在了,自然无从知晓。)所以我不能用常规思维问他这些问题。

他刚开始发现自己在一群病人中时,觉得十分不解,他认为自己没病。我们好奇他会做何感想。他体格健壮,有一种野兽般的力量和精力,但也有一种莫名的惰性、消极和不在乎(大家都这么说)。他给人一种强烈的"若有所失"的感觉,如果他知道我们这么想的话,也是"满不在乎"。有一天我问他问题,无关记忆,无关过去,只是最简单、最基本的感觉:

"你感觉怎么样?"

"我感觉怎么样?"他重复了一遍,挠了挠头,"我不能说我感觉不好,但我也不能说我感觉很好。我不能说我有任何感觉。"

"你难过吗?"我继续问。

"不能说我难过。"

"你喜欢你的生活吗?"

"不能说我喜欢……"

我犹豫了。我怕我问得太多会伤害到他，让他陷入隐秘的、鲜为人知的、难以忍受的绝望中。

"你不喜欢你的生活，"我重复了一遍，有些犹豫，"那你对生活究竟有什么感觉呢？"

"我不能说我有任何感觉。"

"但是你能感觉到你还活着？"

"感觉自己还活着？不见得。我很久没有感觉到自己还活着了。"

他一脸无奈，好似有无尽的忧愁。

吉米擅长速战速决的游戏和谜语，乐在其中。游戏和谜语至少能在进行的过程中"吸引"他，能让他在一段时间内有种有人陪伴、有人竞争的感觉。他从未抱怨过孤独，但他看起来很孤独；他从未表达过悲伤，但他看起来很悲伤。我建议他参加老年之家的娱乐活动。这比记日记有用得多。他急切地投入到游戏中去，尽管每次玩的时间都不长。他轻松地解开了所有谜题，他比其他人做得更好，反应更快，所以游戏和谜语很快也变得无聊起来。发现了这一点之后，他又变得烦躁不安，在走廊上来回踱步，觉得自尊心受了打击，倍感无聊——游戏和谜语只是给小孩子玩的消遣罢了。显然，他渴望做点什么，他想有所为，有所感，但是他什么也做不了。他想活得有意义，活得有目标，用弗洛伊德的话来说，需要"工作与爱"。

他还能做"正常"的工作吗？用他哥哥的话来说，他自从1965年停止工作以后就变得"支离破碎"了。他有两项突出的技能——记忆和盲打莫尔斯电码。我们用不上莫尔斯电码，除非我们虚构一个特定的环境。但是如果他还能打字，倒是能为我们所用，并且这是一项真正的工作，而非游戏。没过多久吉米就恢复了以前的能力，打字打得飞快（他也没法慢慢打），感受到工作带来的挑战和满足。但是这仍然是肤浅的敲击和键入，是缺乏深度的琐事。他机械地打字，不知道自己打了些什么，短句一个接一个无意义地排列着。

有人本能地说他是精神病，是个"丢了魂"的人。他真的被疾病夺走了灵魂吗？我有一次问几位修女："你们觉得他还有灵魂吗？"她们对我的问题感到非常愤怒，但也表示理解，她们说："去看看教堂里的吉米吧，然后再自行判断。"

我去看了。我被深深地打动了。吉米全神贯注，我从来没见过他这样，甚至没想过他能这样。他跪在那里，用舌头接了圣餐饼，全身心投入到圣餐仪式中，与弥撒进行灵魂的交流。他专心致志地享用圣餐，无比平静。他完全被一种感觉所吸引。失忆症不见了，科尔萨科夫综合征也不见了，此情此景也令人很难想象他竟得了这些病。他不再受制于一系列无序的事件和记忆碎片，而是沉浸在自己的精神世界里，身心合一，无人能扰。

毫无疑问，精神层面的关注至关重要，吉米在其中找到了连贯和真实的自我。修女们说得没错，吉米的确在这里找到了自己的灵魂。我不禁想起鲁利亚说的话，现在看来完全正确："人不只有记忆。人有感觉，有意志，有感情，有道德……就在这里……你可以影响他，见证一种深刻的改变。"单独的记忆、意识或者心理活动不足以吸引他，但是精神上的关注和作为完全可以。

也许"精神"一词太过狭隘，艺术和戏剧亦能如此。教堂里的吉米让我大开眼界，我意识到在其他领域，在关注和交流中，灵魂也能被召唤、被吸引、被抚慰。音乐和艺术同样深深地吸引了他的注意力。我发现他能轻松地理解音乐或者简单的戏剧，而音乐和戏剧里的每一个瞬间都相互指代，相互包含。他热衷园艺，在我们的花园中负责部分工作。起初，他每天都觉得花园无比新鲜，但是不知为何，比起老年之家的内部建筑，他渐渐地对花园更为熟悉。他从来没在花园里迷过路或是找不着方向。我想，他一定是把这里当成他年少记忆里深爱的康涅狄格州的花园了。

吉米迷失在延展性的"空间化的"时间里，但他在柏格森"有意识的"时间里应付自如。在他那里，有形的东西转眼就忘，但艺术和意志持续存在。此外，还有一些东西长久地保存了下来。如果吉米被任务、谜语、游戏、计算等纯粹智力上的挑战短暂地吸引了注意力，问题一旦解决他便分崩离析，重回失忆症的虚无深渊。但是如果他专注于感情和精神，比如说沉醉于艺术与自然、聆听音乐、在教堂里做弥撒等，他便可以集中注意力，这样的氛围能够持续好长一段时间。他还会流露出一种平静的忧伤，我们在老年之家从未见他这样。

我认识吉米已经九年了，在神经心理学这个方面，他一点也没变。他仍然患有最严重的、最恶性的科尔萨科夫综合征，对互不相关的几样东西只能记住几秒钟,他还患有严重的失忆症,忘记了 1945 年之后的事情。但是从人性和精神的角度看,他时不时会成为一个完全不同的人——不再忙乱,不再浮躁,不再无聊,不再迷惘,而是深深地沉醉在这个世界的美好与灵性中,擅长克尔凯郭尔[①]提及的所有范畴以及美学、道德、宗教、戏剧等。我第一次见他的时候就想,如果他真的是"休谟式"的人,像泡沫一般浮在生命的表面做无意义的振动,有没有办法能超越这种休谟式的疾病的不连贯性。经验科学给我的答案是没办法,但是经验科学和经验主义并未涉及灵魂,没有考虑到是什么组成和决定了人。也许这不仅是一堂医学课,还是一堂哲学课:像科尔萨科夫综合征患者、痴呆症患者这样的人,无论器官损伤和休谟式的瓦解有多严重,在他们欣赏艺术的时候,与人交流的时候,触及人类灵魂的时候,就仍然有康复的希望。这一点同样适用于那些神经受损、乍看起来无药可救的人。

[①] 索伦·克尔凯郭尔(Soren Aabye Kierkegaard, 1813—1855),丹麦基督教思想家,现代存在主义哲学的创始人,后现代主义的先驱,也是现代人本心理学的先驱。

后记

我现在才知道，在科尔萨科夫综合征的病例中，逆行性失忆症虽然称不上普遍，但也不难见到。但经典的科尔萨科夫综合征（酒精破坏乳头体而引发的纯粹的永久性失忆）即使在严重酗酒的人当中也很少见。经典的科尔萨科夫综合征常伴有其他疾病，比如鲁利亚的病人患有肿瘤。近日，有人记录了一个非常有意思的案例，该病例患有严重的（幸运的是病情持续时间不长）科尔萨科夫综合征，这种病被称为短暂性全面遗忘症（TGA），其并发症有偏头痛、脑损伤、大脑供血不足。这种严重的异常的失忆症可能持续几分钟或几个小时，病人病发时可能仍在机械地开车，机械地从事医务工作或编辑工作。流畅的动作背后隐藏了严重的失忆症———一句话刚说完就忘了，一件东西刚看完就想不起来了，但长期记忆和日常作息完好地保存了下来。（牛津大学的约翰·霍奇斯博士1986年制作了一些珍贵的录像带，记录了TGA病人的病发情况。）

这类病例往往伴有严重的逆行性失忆症。我的同事利昂·普罗塔斯医生告诉我他不久前见到了一例。有一位非常聪明的男士，好几个小时内想不起自己的妻儿，甚至忘了娶妻生子这回

2 迷失的水手

事。实际上,他失去了生命中三十年的记忆,幸运的是,这种情况只持续了几个小时,失去的记忆很快就得以完全恢复。在某种意义上,这种突如其来的打击对病人来说非常可怕,之前几十年的生活、成就、记忆都被尽数抹去,宣告无效。这种恐惧往往只有其他人才能感受到,病人则一无所知。病人意识不到自己患了失忆症,毫不在意地继续做手里的事情,随后才会惊觉自己不仅忘了一天(就像平时宿醉造成的短时失忆),还忘了半辈子的人生,之前却意识不到。一个人想不起来自己大半辈子的人生,荒诞至极,恐怖至极。

人到中年,优渥的生活可能会因为中风、衰老、脑损伤等原因提前结束,但病人会一直保留有关过去生活的记忆,并把它当作补偿:"至少在脑损伤或者中风之前,我活得很充实,什么都经历过了。"过去的记忆不是安慰就是折磨,而逆行性失忆症会把这些通通抹去。布努埃尔所说的"抹去我一生的记忆"的"失忆症最终的到来"可能会发生在痴呆症的晚期,但从我的经验来看,不会因为中风而突然发作。倒是有一种类似的失忆症会突然发作,不同的是,这种失忆症不是"全面的",而是具有"感官特异性"。

我负责照顾的一位病人,后脑循环系统突然形成血栓,导致大脑即刻丧失视觉功能。这位病人很快双目失明,自己却不知道,也没有怨天尤人。提问和测试表明,他不仅由于大脑皮质受损看不见东西,而且丢失了所有的视觉影像和视觉记忆,自己却毫不知情。事实上,他失去的是"看"这个概念——不仅不能描述所见事物,而且当我使用"看"和"光"这些词的时候,他还困惑不已。他已经成了没有视觉的生物，他一生中和看见、视觉有关的一切都被偷走了，他和视觉有关的那部分人生被瞬间的中风永久地抹去了。这种视觉失忆症，或者可以说"不知道自己失明了""不知道自己失忆了"，都是完完全全的科尔萨科夫综合征，只不过是仅限于视觉罢了。

在上一篇《错把妻子当帽子》中，P博士失去了部分记忆，但他患的也是彻底的失忆症，只是局限于特定的知觉形式。那是一种绝对的"面孔失认症"，即无法辨识人的面孔。P博士不仅认不出人脸，也无法想象或记住任何人的脸——实际上，他不知道"脸"是什么，就像我那位更不幸的病人不知道"看"和"光"是什么一样。安东在19世纪90年代描述过这类综合征，但是科尔萨科夫综合征和安东综合征[1]等疾病对患者的个人世界、生活、身份认同等有何影响，即使在今天也鲜有人关注。

我们有时候会想，如果让吉米回到他的家乡，回到失忆前的日子，他会做何反应，可惜那个康涅狄格州的小镇近年来已经发展成了繁荣的城市。后来，我在另一个科尔萨科夫综合征患者那里得知了这样做的结果。他叫史蒂芬·R.，1980年患上了严重的科尔萨科夫综合征，逆行性失忆症只回溯到两年左右。除了严重的癫痫和痉挛，他还患有其他疾病，必须住院治疗，连周末也很

---

[1] 这种病症的名字得自奥地利神经学家加布里埃尔·安东（Gabriel Anton, 1858—1933），它是一种很罕见的疾病，中风或脑外伤之后有可能出现。患者分明已经失明，却坚定地相信自己看得见。

2 迷失的水手

少回家,可回家之后发生的事实在令人感伤。他在医院谁都不认识,什么也认不出来,处于疯疯癫癫的迷失状态。但当他妻子带他回家,他的房子实际上就成了他失忆前的日子的"时代文物贮藏器",他立刻感觉回到家了。他认出了每样东西,像以前一样拍一拍气压表,检查温控器,坐在他最喜欢的扶手椅上。他提到的邻居、商店、当地的酒吧、附近的电影院,都还停留在 70 年代中期那个样子。屋子里哪怕发生了细微的变化,他都会感到苦恼和不解。(有一次他和妻子争论:"你今天换窗帘了!为什么要换?怎么这么突然!今天早上还是绿色的。"事实上,窗帘从 1978 年开始就不是绿色的了。)大部分附近的房子和商店史蒂芬都认得,因为它们在 1978 至 1983 年间没什么变化。但他对电影院的搬迁感到疑惑不解("他们怎么能一夜之间就把电影院拆掉,再建一个超市呢?")。他倒是认出了邻居和朋友,但奇怪地发现他们比自己想象中要老得多("某某人这么老了!之前从来没注意过。为什么每个人直到今天才显示出他们的年龄?")。当他妻子带他回到医院,真正令人震惊和感伤的事情发生了。在他看来,他妻子莫名其妙地把他带到一个奇怪的地方,他从没来过这里,到处都是陌生人,然后妻子丢下他就走了。他既困惑又恐惧,尖叫起来:"你在干什么?这到底是什么鬼地方?到底在干吗?"那场面惨不忍睹。对病人来说,这一切就是场疯狂的噩梦。幸好他几分钟后就忘了这件事。

  这些病人像化石一样活在过去,只有在过去的记忆中才能感到舒适自在,才能找到方向。时间对于他们来说停滞不前。史蒂芬回到医院的时候,我听到他困惑又恐惧的尖叫,为了已经消逝的过去尖叫。但是我们能做什么呢?我们能创造出一个时空胶囊,一段虚构人生吗?除了《苏醒》的主人公罗丝·R.(见本书第16篇《情不自禁的怀旧》),我还没见过有谁因为弄错年代陷入这般境地,遭遇此番折磨。

吉米实现了一种平静状态,威廉(见本书第12篇)继续胡编乱造,而史蒂芬的时间伤口从未平复,这种痛苦永远无法治愈。[1]

---

[1] 在撰写并出版了这段历史之后,我和埃克纳恩·戈德堡博士——鲁利亚的学生,也是《记忆神经心理学》俄罗斯原版的编辑——一起对这个病人进行了密切而系统的神经心理学研究。戈德堡博士已经在会议上提出了一些初步的发现,我们希望在适当的时候发表一个完整的报告。纳森·米勒医生的影片《意识的囚徒》刚刚在英国(1986年9月)上映,讲述了一个严重失忆症患者的故事。还有一部电影(由希拉里·劳森执导)是关于一位脸盲症患者的,与P博士有许多相似之处。——作者注

3
灵肉分离的女子

> 事物中于我们最重要的方面都由于它们的简单和熟悉而隐蔽不见。(当事物总是出现在我们眼前,我们就注意不到它。)我们探索的基本原理根本无人问津。
>
> ——维特根斯坦

维特根斯坦关于认识论的这段话,同样适用于生理学和心理学,尤其是谢灵顿[①]所称"我们神秘的感觉,我们的第六感"。第

[①] 查尔斯·斯科特·谢灵顿(Charles Scott Sherrington, 1857—1952),英国神经生理学家,他提出了本体感受和突触机能等概念,发现了神经元功能,详细地研究了姿势和行为的反射基础,深入分析了脊髓反射机制。他最先划出大脑皮质运动区,进而确定了控制身体各部分的感觉运动区域。在拮抗肌的交互神经支配、去大脑僵直以及外感受器反射和本体感受反射的区别等研究中做出了许多划时代的贡献。1932年与艾德里安(E. D. Adrian)同获诺贝尔生理学或医学奖。

六感是一种持续存在但又无意识的知觉，产生于我们能够活动的身体部位（肌肉、肌腱、关节），监控和调节这些部位的姿势、动作、结实度，其中的作用过程我们并不清楚，因为第六感是不由自主的、无意识的。

我们其他五种感觉（视觉、听觉、味觉、嗅觉、触觉）人人皆知，显而易见。但是第六感——我们隐藏的感觉——则等待有人去发现它，正是谢灵顿在19世纪90年代公布了这一发现。他将其命名为"本体感受"，一是为了区别于"外感受"和"内感受"，二是因为我们要想感受自己，这种神秘的感觉必不可少。就是因为有本体感受，我们才能感受到我们的身体适合自己，如同我们的"财产"是属于我们自己的。

从根本上讲，有什么比支配、拥有、运作自己的身体更重要的呢？然而因为这件事太熟悉、太想当然了，我们从未多想。

乔纳森·米勒制作了一部出色的电视连续剧《不确定的身体》，但是通常情况下，我们的身体毋庸置疑、毫无疑问地就在那里。对维特根斯坦来说，这种身体的确定性正是所有知识和确定性的开始和基础。所以在他最后一本著作《论确定性》中，他开篇就说："如果你确实知道这里有一只手，我们就会同意你另外所说的一切。"但他在同一页又写道："我们能问的，就是是否有必要去怀疑……"随后他又写道："我能怀疑吗？缺少怀疑的理由！"

事实上，他的书应该叫《论不确定性》，因为他的不确定性跟确定性一样多。具体来说，他想知道是否存在这样的情况或条件，它们剥夺身体的确定性，给人理由去怀疑自己的身体，对整个身体的存在迟疑不定。在他的最后一本书中，这个想法如噩梦般纠缠着他。有人也会怀疑，或许他在医院里、在战场上频繁地和病人接触，受了刺激才会产生这样的想法。

克里斯蒂娜是个身材高大的年轻女子，今年27岁，爱好打曲棍球和骑马，身体上和心理上都十分自信强健。她有两个孩子，孩子还小，她在家从事电脑编程的工作。她冰雪聪明，举止文雅，喜欢芭蕾舞和湖畔派诗人（但是我想她应该不喜欢维特根斯坦）。她积极乐观地生活着，很少生病。让人意想不到的是，她有一次腹痛发作，查出患有胆结石，医生建议她切除胆囊。

手术前三天她住进了医院，并接受了预防细菌的抗生素注射。这只是常规操作，预防措施而已，根本不会出现并发症。克里斯蒂娜是个明白人，她知道这些，没什么顾虑。

手术的前一天，不爱幻想也很少做梦的克里斯蒂娜做了一个奇怪的噩梦。梦里，她剧烈地摇晃着，双腿根本站不稳，几乎感觉不到脚下的地板，也感觉不到手里拿着的东西，双手胡乱地来回摆动，东西捡了又掉，掉了又捡。

这个梦让她犯了愁。她说："我从未有过这样的经历，它在我的脑海里挥之不去。"看她如此忧虑，我们征求了精神科医生的意见，他说："术前焦虑，很正常，我们经常见到这种情况。"

但是那天稍晚的时候，噩梦成真了。克里斯蒂娜发现自己的双腿真的站不稳了，身体笨拙地晃来晃去，双手也拿不住东西。

我们又叫来了精神科医生,他似乎有些不耐烦,随后又有片刻的疑惑。他用轻蔑的语气厉声说道:"焦虑性的歇斯底里,典型的转化症,很常见。"

手术那天,克里斯蒂娜的情况更糟了。除非低头看着自己的脚,她根本站不起来。除非盯着双手,否则什么也拿不住,双手还会来回摇晃。当她伸手拿东西,或者试图自己吃饭,双手要么够不到,要么超过得太多,似乎某种重要的控制或协调功能不见了。

她甚至没法坐起来,她的身体瘫软无力。她脸色奇怪,面部松弛,表情呆板,嘴巴微张,甚至连说话的语调都变了。

她张着嘴,用幽灵般单调的声音说:"糟糕的事情发生了。我感受不到我的身体,我感觉很诡异——我脱离了肉体。"

这件事听起来让人惊讶不已,大惑不解。她疯了吗?她的身体状况又该做何解释?说话的语调和从头到脚的肌肉都崩溃了;双手晃来晃去,自己却没有意识到;她胡乱摆动手臂,拿东西时超过预期位置,似乎她的周围神经系统不再传递信息,声音和运动的控制系统严重瘫痪。

我对实习医生说:"这种情况很少见,很难想象是什么原因引发了这样的病症。"

"这是歇斯底里啊,萨克斯医生,精神科医生不是这么说的吗?"

"他是这么说的。但是你们见过这样的歇斯底里吗?从现象学来看,把你们看到的当作真实的现象,她的身体状况和精神状况都不是虚构的,而是生理和心理的统一。是什么原因导致身体和精神受损至此呢?"

3 灵肉分离的女子

我补充说:"我不是在考验你们。我和你们一样困惑,我以前从来没见过也没想象过这样的事情……"

我琢磨这事,他们也琢磨这事,我们一起苦思冥想。

他们中有人开口:"有没有可能是双顶综合征?"

我回答:"有点像。顶叶收不到该有的感觉信息。我们给她做个感觉测试吧,也检查一下顶叶的功能。"

测试做完以后,事情有了头绪。她患的应该是一种严重的本体感受缺失症,从头部到脚尖,几乎全身都是这样。顶叶本身功能正常,但没有作用对象。克里斯蒂娜也许患了歇斯底里症,但她的身体还有许多其他的问题,都是我们没见过甚至没想过的。我们拨打紧急电话,这一次没再打给精神科医生,而是打给了物理治疗师。

物理治疗师很快赶来了。他见到克里斯蒂娜的时候,惊讶地睁大了眼睛,立即为她做了全身检查,随后又做了神经和肌肉功能的电击测试。他说:"真是怪事,我从来没见过也没读到过这样的病例。你说得对,她失去了全部的本体感受,从头到脚。不管什么测试,她都感受不到自己的肌肉、肌腱、关节。其他感觉通道稍微受损,比如对于轻触、温度、疼痛的感觉,运动神经纤维也受到了轻微的损伤。但主要还是位置觉,也就是本体感受遭到了破坏。"

我们问他:"什么原因?"

"你们是神经科医生,问你们自己。"

到了下午,克里斯蒂娜的身体状况更糟了。她躺在床上一动不动,也不说话,甚至呼吸也变得十分微弱。说来奇怪,她的情况很危险，我们觉得该给她使用呼吸机了。

脊髓穿刺结果显示，她患了一种极为罕见的急性多发性神经炎：不是格林—巴利综合征[1]，不会对运动神经造成严重影响；而是一种纯粹的（或者近乎纯粹的）感觉神经炎，通过神经轴影响脊髓神经和脑神经的感觉根。[2]

手术推迟了，这种情况下做手术并非明智之举。当务之急是：她能活下来吗？我们能做什么呢？

我们检查完她的脊髓液之后，她虚弱地笑了笑，用虚弱的声音问："检查结果如何？"

"你得了炎症，神经炎……"我们开始把知道的一切都告诉她。当我们有所疏漏或者闪烁其词的时候，她就直言不讳地提问，把话引到正题上来。

"能治好吗？"她追问。我们面面相觑，看着她说："我们也不知道。"

我告诉她，身体的感觉由三样东西赋予：视觉；平衡器官（前庭系统）；她所丧失的本体感受。正常情况下三者协作配合。如果其中一方崩溃，其他两方就会发挥补偿作用，在一定程度上

---

[1] 格林－巴利综合征（Guillain-Barre syndrome，GBS），又称急性感染性多发性神经根神经炎。主要表现为四肢对称性软瘫，伴有或不伴有颅神经受累，植物神经受累亦较常见，常因呼吸肌麻痹而危及生命。

[2] 这种感觉性多发性神经炎很少见。据我们所知，克里斯蒂娜的案例在当时(1977年)是独一无二的，因为该病例表现出异乎寻常的选择性，即只有本体感受神经纤维受损。——作者注

3 灵肉分离的女子

替代它。我提到了我的病人麦格雷戈先生,他没法调用平衡器官,所以就用眼睛代替(见本书第7篇)。神经梅毒和脊髓痨患者也有类似症状,但仅限于腿部,也必须要用眼睛代替(见本书第6篇)。如果有人要求这类病人动动腿,病人很可能会说:"好的,医生,等我先找到腿。"

克里斯蒂娜听得很仔细,因绝望而格外专注。

她缓缓开口:"所以我要做的,就是用我的视觉,我的眼睛,完全代替我之前用到的——你们叫它什么来着——本体感受。"随后若有所思地补充道:"我已经注意到了,我好像把胳膊'弄丢了'。我以为胳膊在这里,结果发现它们在那里。这个'本体感受'就像身体的眼睛,身体通过它看到自己。如果本体感受不见了,就像我这样,身体就瞎了。我的身体失去了眼睛,它'看不见'自己了,对吗?所以我必须去看它,充当它的眼睛。对吗?"

我说:"没错。你都能当生理学家了。"

她回答我说:"我确实得成为生理学家。因为我的生理状况出了问题,可能再也无法恢复了……"

克里斯蒂娜从一开始意志就非常坚强。虽然她的急性炎症逐渐消退,脊髓液也恢复正常,但受损的本体感受纤维未能痊愈,一周过去了,一年过去了,神经损伤仍未康复。时至今日,八年过去了,病情依旧没有好转。不过经过在感情、精神、神经等各方面的适应和调整,她在生活中基本能够应付自如。

第一周,克里斯蒂娜什么也没做,消极地躺着,几乎没吃东西。她处在一种极度的震惊、恐惧、绝望的状态中。如果不能恢复正常,如果每动一下都要如此吃力,最要命的是,如果一直这样灵肉分离,生活会变成什么样?

生活总要继续。克里斯蒂娜开始活动了。一开始,她不用眼睛就什么也做不了,一闭眼就会无助地瘫在那里。她必须用眼睛监视自己——要想移动身体的任何一个部位,就得用眼睛死死地盯着,十分痛苦。尽管有意识地监控和调节,她的动作起初还是相当笨拙、不自然。后来,让我们又惊又喜的是,她能熟练地控制动作,她的动作也日益优美自然(尽管仍全部依靠眼睛调节)。

一周又一周过去了,她正常的、无意识的本体感受调节系统逐渐被同样无意识的视觉、视觉习惯、视觉反射调节系统所取代,这三者越来越和谐统一。有没有可能是某种更基本的功能在发挥作用?大脑关于身体和身体影像的视觉模式几乎为零(盲人自然没有),而且通常附属于本体感受的身体模式。既然现在本体感受的身体模式丧失殆尽,大脑的视觉模式会不会有所增强,获得了罕见的巨大影响力,从而发挥补偿和替代作用呢?此外,前庭系统的身体模式或身体影像有可能也得到了补偿性的增强……两者都达到了比我们预期还要理想的效果。[1]

---

[1] 这可以和已故的珀登·马丁在《基底核与姿势》中描述的经典案例做比较:"这位病人尽管常年进行理疗和训练,但仍未恢复正常走路的能力。他最大的困难在于迈出第一步以及让自己的身体向前倾……他无法从椅子上站起来,无法保持手脚着地的姿势,也无法匍匐爬行。站立和走路的时候,他完全依靠视觉,一闭眼就会摔倒。起初,他闭上眼睛的时候甚至不能在普通的椅子上保持一个姿势不动,但后来逐渐获得了这一能力。"——作者注

3 灵肉分离的女子

不论她有没有更多地用到前庭反馈,耳朵和听觉反馈的使用无疑增加了。通常情况下,听觉反馈对说话而言无关紧要,只起到了辅助作用。即使我们因为伤风不幸耳聋,依然能够正常说话,而有些先天耳聋的人也能习得近乎完美的语言能力。这是因为嗓音的调节通常是一种本体感受,取决于发声器官流入的神经冲动。克里斯蒂娜已经失去了这种正常的传入功能,失去了正常的本体感受下的语音语调,所以她必须用耳朵,用听觉反馈取而代之。

除了这些新的补偿反馈,克里斯蒂娜还形成了其他形式的新的补偿反馈。起初都是有意的、刻意的,但逐渐变成了无意识的、自然的(所有这些都是在一位非常善解人意的、足智多谋的康复师的帮助下进行的)。

在疾病发作的一个月里,克里斯蒂娜就像一个瘫软的布娃娃,连坐都坐不起来。但是三个月之后,我惊讶地看到她笔直地坐着,像雕塑般标准,像舞者般优雅。我很快发现,她的坐姿实际上是故作姿态,她有意无意地强装这种姿势,好弥补不真实、不自然的样子。先天的本能既已崩溃,她便有意培养自己后天的能力,但这种能力建立在本能的基础上,并且很快成了"第二本能"。声音也是这么发出来的,她刚开始的时候几乎是个哑巴。

如同观众观看的舞台表演,这些都是经过详细规划的。她的声音夸张做作,并不是她装腔作势,或是有意扭曲,而是因为她丧失了自然的语调。她的脸也是如此:因为缺少本体感受控制面部表情和姿势^①。她的面部依然有些呆滞单调，毫无表情（尽管她的内心世界情感丰富），除非她故意做出夸张的表情（就像失语症患者会采取夸张的语气语调一样）。

但是，所有的办法充其量只是隔靴搔痒。克里斯蒂娜只是活着，但没法像之前一样生活。她学着走路，搭乘公共交通，处理日常琐事，但处处小心谨慎，用奇怪的方式才能完成。一旦她的注意力分散，就什么事都做不好。所以如果她边吃东西边说话，或者注意力转移到了别处，她就要极其痛苦地用力握住刀叉，指尖和指甲因为受力变得毫无血色。但哪怕痛苦的压力减轻一点，刀叉就会立即从她无力的手里落下。非此即彼，丝毫没有中间地带，难以控制。

她没有任何神经学意义上康复（神经纤维的结构损伤的康复）的迹象，但她在医院的康复病房住了快一年，在各种精心的治疗和帮助下，从功能上来说，她已经基本康复了：学会了使用各类替代方法以及类似的窍门。最终，克里斯蒂娜离开医院，回家和孩子们团聚，她还学会了用特殊的技巧重新操作电脑，而这一切全都要靠视觉，而非感觉。她学会了操作，但是她感觉如何？这些替代的方法有没有驱散她当初所讲的脱离肉体的感觉？

答案毫无头绪。她依然没有本体感受，所以依然感觉自己的

---

① 珀登·马丁在当代的神经学家里独树一帜，他常常谈到面部和声音的"姿势"，认为其基础是完好统一的本体感受。我告诉他克里斯蒂娜这一病例，给他看了一些关于克里斯蒂娜的胶卷和磁带，他非常感兴趣。事实上，这里很多的建议和构想都是他提出的。——作者注

3 灵肉分离的女子

身体已经死亡,不真实,不属于自己,无法为她所用。她找不到合适的字眼形容这种状态,只能用其他的感官类比:"我感觉我的身体看不见自己,也听不见自己……它对自己没有感觉",这些都是她的原话。对于这种巨大的失落感,这种与失明和失聪类似的感官上的黑暗(或者说是沉寂),她无以言表,我们也不知如何表达。社会对这种情况也缺少关注和关怀。至少盲人还会受到优待,我们能想象出他们的境遇,自然也会予以关照。但是当克里斯蒂娜痛苦而又笨拙地爬上公交车,没人表示理解,只听有人生气地吼道:"小姐,你怎么回事?你瞎了?还是喝醉了?"她该怎么回答呢?"我没有本体感受"?缺少社会的支持和体恤无异于雪上加霜:她有残疾,却又残疾得不明显。毕竟她既没有瞎,也没有瘫痪,看上去什么问题也没有。所以她往往被人当作骗子或笨蛋。这就是那些第六感失调病人的遭遇(患有前庭损伤或者切除了迷走神经的病人也有类似经历)。

克里斯蒂娜不得不活在一个难以描述、难以想象却又虚无缥缈的世界里。有时她会失声痛哭,不是大庭广众之下,只是在我面前:"要是我能感受就好了!但我已经忘了那是什么感觉……那时候我是正常的,不是吗?能像正常人一样活动?"

"当然。"

"没有'当然'这回事。我不相信。证明给我看。"

我给她看了一段她和孩子们在一起时的家庭录像,录像拍过几周后她就患上了多发性神经炎。

"当然,这就是我!"克里斯蒂娜笑了笑,然后又哭了,"但

063

我再也不是那样优雅的女子了！她走了，我记不得她了，甚至想象不出来了。就好像我身体里最重要的东西被拿走了……他们拿青蛙做实验就是这样，不是吗？他们挖掉青蛙的脊髓，他们让青蛙瘫痪……这就是我，一只被抽了脊髓的青蛙……来吧，来看看克里斯，第一个被挖去脊髓的人类。她没有本体感受，她感觉不到自己，脱离肉体的克里斯，一个没有脊髓的女人！"她大笑起来，处在歇斯底里的边缘。我安慰她："好啦，别这样！"但我暗想："她是不是说对了？"

在某种意义上，她就是被"挖了脊髓"，像鬼魂一般脱离了肉体。她丧失了本体感受这一基本的器官定位功能，至少不能识别身体，或者说缺少"躯体自我"，弗洛伊德将其视为自我的基础，"最初和最重要的自我，就是躯体自我"。当身体知觉和身体影像遭到严重破坏时，就会发生类似的去人性化和去现实化。在美国内战时期，韦尔·米切尔治疗截肢和神经受损的患者时发现了这一点，他用了类似小说的手法，却是目前看来现象学上最为精准的叙述。他用病人乔治·戴德罗（一位内科医生）的口吻说：

> 我发现，让我恐惧的是，相比过去，有时我意识不到自己以及自己的存在。这种感觉与众不同，起初我非常困惑。我总是想问别人，我真的是乔治·戴德罗吗？但是我清楚地知道问这样的问题有多荒谬，我克制住不谈论自己的情况，而是更加努力地分析自己的感受。我深知现在的自己不像自己，这有时让我很崩溃、很痛

苦。我所能形容的，就是缺乏个人的自我感觉。

对克里斯蒂娜来说，随着不断适应，随着时间的流逝，"缺乏个人的自我感觉"的程度逐渐变浅。但自从她感受到的那天起，这种明确的、以器官为基础的脱离肉体的感觉就是如此严重，如此怪异。那些脊髓高位截瘫的人也有类似的感受，但他们已然瘫痪，而克里斯蒂娜尽管"感觉不到身体"，仍能下床活动。

当她的皮肤受到刺激，她就感到短暂的、局部的解脱。她尽量待在室外，她喜欢敞篷车，因为这样能感受到风吹过身体和脸颊（她的表皮触觉只是轻微受损）。她说："好极了。我能感觉到胳膊和脸上的风，这让我意识到我有胳膊，有脸，虽然还是不太确定。虽然还是不真实，但是多少有点意义，可以暂时逃离那种阴森可怖的、死一般的阴影。"

但她现在以及以后的情况还是像维特根斯坦所说的那样，她不知道"这是一只手"意味着什么，她丧失本体感受，患有传入神经阻滞，这剥夺了她存在和认识自己的基础。无论她做什么，无论她怎么想，都不能改变这一事实。她没办法确信自己的身体。要是维特根斯坦患了她这样的病，他会怎么说呢？

不同寻常的是，她既是个成功者，也是个失败者。她成功地操控身体，却没能成为自己。在意志、勇气、韧性、独立以及感官和神经系统的可塑性允许的适应范围内，她取得了几乎令人难以置信的成功。她曾经面对也正在面对前所未有的处境，与难以想象的困难和不利条件做斗争，已是一个不屈不挠的、令人敬佩的人物。在神经疾病患者中，她是一位无名英雄。

她现在和将来都永远无法战胜身体上的缺陷。全世界所有的精神和聪明才智，神经系统允许的所有补偿和代替功能，也不能将她长久以来完全丧失的本体感受改变分毫。只有拥有第六感，我们才能感受到自己的身体真实地属于我们自己。

1985年，可怜的克里斯蒂娜"陷入瘫痪"。八年过去了，她一点没变，也将如此度过余生。从未有人经历过她这样的人生。据我所知，她是迄今为止第一位这样的病人，第一位"脱离肉体的"人。

后记

现在克里斯蒂娜不是孤军奋战了。绍姆堡是第一个描述此类综合征的人,我从他那里得知,各地出现了大量的病人,他们都患有严重的感觉神经元病。和克里斯蒂娜一样,其中病情最严重的患者也会出现身体影像失调的症状。他们大多数是狂热的养生达人,大量服用维生素,摄入了过量的维生素 B_6(吡哆醇)。所以现在已经有上百名"脱离肉体的"男男女女了。但和克里斯蒂娜不一样的是,大部分人只要停止服用吡哆醇给自己下毒,就有望康复。

4
跌下床的男人

多年前，我还是医学院学生时，接到了一名护士的来电，说是碰上一桩离奇的病例，令她百思不得其解。那天早上，她们医院有一名年轻患者刚刚办理住院。他一直表现得很正常，状态也不错，但就在几分钟前，他小睡之后起床，突然变得兴奋异常，举止十分怪异，跟睡前判若两人。不知什么缘故，他摔到了地上，坐在那里歇斯底里地大喊大叫，还拒绝躺回床上去。我回护士道，请问我能不能过去一趟，看看这是怎么回事？

我一到，就看到他躺在床边的地板上，眼睛紧紧地盯着自己的一条腿，神情复杂，看起来既生气又惊讶，既困惑又好奇。当然，困惑的成分居多，还夹杂着一丝惊慌失措的神色。我问他，想不想坐回到床上，需不需要帮助，他听了却失落地摇摇头。我蹲下来，问他之前到底发生了什么。他回答说，今早住院是因为检测结果不佳。他自己没什么感觉，但神经学家说，他的左腿有

4 跌下床的男人

些"懒惰",原话就是如此,并认为他需要住院观察。一天下来,他自我感觉良好,躺下后睡得很沉,醒来也没什么问题。然而,就在他挪动身体的时候,突然发现床上"有条别人的腿",一条割下来的人腿!太恐怖了!他顿觉毛骨悚然,难以置信,甚至令人作呕。他以前可从没遇见过这种荒诞的怪事,连想都没想过。他小心翼翼地碰了碰那条腿,外形无可挑剔,就是给人一种很奇特、很冰冷的感觉。脑海中一个念头一闪而过,他随即意识到:一切不过是个玩笑罢了!今天是新年前夜,是欢庆的时刻:近半数的工作人员都喝得东倒西歪;欢声笑语处处可闻;爆竹彩炮声不绝于耳;活脱脱一场盛世嘉年华。肯定是哪个护士喜欢搞恐怖的恶作剧,跑到解剖室偷了条腿,趁自己熟睡,悄无声息地塞到了被单下面。如此一想,心里顿时轻松许多。但是,转念想到自己着实被这个恶作剧吓得不轻,他立马拿起这该死的破腿,朝床下丢去。话语戛然而止,前一秒还轻松随意的他身体陡然一震,面色惨白。他明明只扔了条腿,整个人却跟着掉下了床,现在这条腿跟他连在一起了。

"你看看!"他嚷道,满脸抗拒反感,"还有比这更惊悚恐怖的事吗?尸体就是尸体,本不应该动。可你看看,这多么不合常理!它是怎么和我绑到一起的!太可怕了!"他双手紧紧抓着那条腿,使出吃奶的劲,想把它从身上扯下来。结果无济于事,只得不断捶打,以此泄愤。

"放松!"我说道,"镇定!放松下来!别这样粗暴地捶打它。"

"为什么不可以呢?"他问道,暴躁不已,像是随时要动手。

"因为这是你自己的腿，你都认不出来自己的腿吗？"我说道。

他呆呆地盯着我，眼神茫然，混杂着怀疑、震惊、恐惧和戏谑的情绪，以为我在和他打趣，一脸难以置信。"别扯了，大夫，"他说，"开什么玩笑！你和那个护士肯定是一伙的。怎么能这样戏弄病人呢！"

我说："我没开玩笑，这的确是你自己的腿。"

见我如此严肃，他立刻严肃了起来，惊恐万状，问道："大夫，你说这是我的腿？可你不是说，人人都应该认得出自己的腿吗？"

"的确如此，"我回答说，"应该可以认得出来。我从来没见过有认不出来的人。是不是你在搞恶作剧？"

"我诚心诚意地对天起誓，绝无谎言，我从来都……按理说谁都能认得自己的身体，知道什么是自己身体的一部分，什么不是。但是这条腿，这个东西，"一阵恶心涌来，他又一次战栗，"不大对，感觉不像是真的，看起来一点也不像是我身体的一部分。"

"那它看起来是什么样的？"我困惑不已，和他一样摸不着头脑。

"它看起来是什么样的？"他一字一句地重复着我的问题，接着说道："我跟你讲，这个东西，看起来不像是世界上应该存在的事物。这怎么可能是我的腿呢？谁知道它是哪里来的……"他的声音越来越弱，脸上全是惊诧与恐惧。

我说道："这样吧，我觉得你状况不太好。可以的话，我们先帮你躺到床上。但我还有个问题想问你：如果，我是说如果，这个东西不是你的左腿（他刚才称之为"假肢"，还感叹说制造它的人得花费了多少精力才"仿制"得如此"惟妙惟肖"），那你的左腿哪儿去了？"

他的脸色再次变得惨白，苍白得让我以为他就快昏倒了。他说："我不知道，不知道。它不见了，消失了，再也找不到了。"

后记

这个病例在《单腿站立》（1984年）一书中公开后，我收到一封来自著名神经学家迈克尔·克雷默博士的信，信上如此说道：

我受邀去查看一位心脏科的病人，病情十分棘手。房颤和血栓导致他左侧身体半身不遂，晚上还总是会从床上跌落，却没有一名心脏病专家能够确诊。因此，我应邀对他进行了检查。

当问及晚上的情形时，他很坦荡地表示，自己在夜里醒来，总会发现床上有一条如死尸一般冰冷、长满腿毛的腿。费解是次要的，关键是他无法忍受旁边有这样一个东西。于是，他就手脚并用地把它推下床去，结果自然是整个人都跌了下去。

这位病人的案例十分典型，对丧失活动能力的肢体完全失去了认知力。还有一个很有趣的现象：我无法让他告诉我，他自己的另一条腿是否还在床上，因为他过于在乎床上那条"陌生的"腿。

5
无用之手

　　1980年，时年60岁的玛德琳·J.住进了纽约附近的圣本笃医院。她患有天生性失明和脑瘫，入院之前一直都由家人悉心照料。她还患有痉挛和手指徐动症，双手会不由自主地颤抖，再加上她还有视力缺陷。得知她的境遇如此可悲，我原以为她一定会智力迟钝，甚至于认知能力严重退化。

　　但事实并非如此。与推测相反，她讲话流利自如，准确说是能言善辩（谢天谢地，痉挛几乎对她说话没什么影响）。此外，她还是个精神抖擞、有着杰出智慧和丰富学识的人。

　　我问道："你读过很多书，一定非常擅长阅读盲文吧？"

　　"不，并没有，"她说，"我所有的阅读都是通过听有声书，或是由别人念给我听。我不会盲文，连一个字都不懂。我的手做不了任何事，完完全全废了。"

　　她自嘲般地举起双手，接着说道："彻头彻尾的废物，就像两坨软塌塌的面团。我甚至都感觉不到它们的存在。"

我大吃一惊，一般情况下，脑瘫不会对手造成影响，至少不会造成完全瘫痪：最多就是痉挛、无力或者畸形，不会对使用造成太大困难，而且还会使用得相当频繁。反之，腿则可能因脑瘫彻底瘫痪，专业术语称为李特耳病或脑性双侧瘫。

J小姐的双手虽然有轻微痉挛和徐动症，神经感知力却完好无损，这点我可以很快判断出来：对于细微的触碰、疼痛、温度变化和手指被动运动，她可以立即做出准确反应。基本的生理感知系统没有受损，但大脑的感知系统则恰恰相反，缺陷极为严重。我放在她手中的所有东西，包括我的手，她都无法辨认和识别，也无法主动通过触摸去辨认。她的双手并不是活跃可动的，正如她所说，它们是无用的、闲置的，像两坨软塌塌的面团。

这可太不同寻常了，我心想。这一切做何解释呢？她的手不存在感官缺陷，理应是一双正正常常、可以自如活动的手，事实却恰恰相反。有没有可能是，因为从未使用而导致的无法活动，所以才会"无用"呢？是不是因为，自出生以来得到过度保护和照料，没有像其他婴儿一样在出生几个月里用手摸索，才会这样？或者是，所有的事情都为她做好了，她自己什么都不需要做，因此阻碍了双手正常感知和活动力的形成？如果真是如此——虽然有些离谱，但这是我能够做出的唯一假设——那么现在，60岁的她能不能重新获得自己在出生的几周或者几个月里本该养成的能力？

之前有没有过这样的先例？有没有类似的情况出现，有没有人做过尝试？我全然不知，但是，立刻想到了列昂特耶夫和扎波罗热茨在《手部功能的康复》（1960年）一书中描述的病例。这个病人和J小姐的症状非常相似。书中的病例在一开始就显得与众不同：有200名左右士兵的双手在遭受巨大创伤和大型手术后，出现排异反应——他们觉得双手不能活动，毫无生气，一无是处，只是黏在他们身上而已，但基本的神经系统和感知系统并没有任何损害。列昂特耶夫和扎波罗热茨解释了"感知系统"对"感知"的作用方式，也就是该系统如何影响双手的使用，如何使双手在负伤、手术或长达数周甚至数月未使用后出现"割离感"。虽然玛德琳的症状和士兵们别无二致，同样是双手无法活动，无法使用，有异物感，但她的症状却伴随了她一生。她需要的不仅仅是恢复双手的活动，还需要先去发现它们的存在，获得使用双手的能力。她要做出这辈子的第一次尝试：但不是重获隔离开来的感知系统，而是从无到有，建立起一个全新的感知系统。这有可能实现吗？

列昂特耶夫和扎波罗热茨著作中的士兵在受伤前双手正常，所以他们只需要"回忆起"失去双手前的感觉，回想起因受伤而"割裂"或者说"陷入沉睡"的双手即可。而玛德琳连相关的记忆都不曾有过，她从未使用过双手，根本不觉得自己"拥有"手或者胳膊。她从未独立进食，独立上厕所，独立解决问题，从来都是交由别人完成。在过去60年间的生活中，她仿佛不曾有过双手一般。

这就带来一项挑战：这名患者双手的基本生理知觉堪称完

美，但是显而易见，她没有能力将一系列知觉联系起来，形成对自身和对周边事物的认知。正因为双手一直处于"无用"的状态，她没有能力做到并说出"我能感觉到，我能认识到，我将，我可以做"，等等。但是，我们依旧希望通过某种方法（像列昂特耶夫和扎波罗热茨所做的那样），让她能够使用自己的双手，并在此基础上实现罗伊·坎贝尔所说的整合："整合产生于行动中。"

玛德琳对我们的观点表示认可，觉得十分有趣，但是依旧疑惑不解，不抱希望。"我怎么可能用手呢？"她问道，"它们只是一摊面团啊。"

歌德曾说："太初有为。"当我们面临道德或现实困境时，这句话十分适用，但运动和感知自有它们的起源。突发状况时有发生：人们迈出的第一步（或是说出的第一个字，比如海伦·凯勒说出的"水"），第一次行动、第一次感知、第一次神经冲动——所有的一切，都是突如其来，在没有意识的情况下发生的。"太初源于神经冲动"，不是行为，不是神经反射，而是神经冲动。后者比前两者都更显而易见，神秘莫测。我们不能简简单单地对玛德琳说："去做吧！"我们只能寄希望于神经冲动，即祈祷它的出现，祈祷它能诱导、激发她体内的神经反应。

我想起婴儿本能地寻找乳房的样子，向护士建议："给玛德琳食物的时候，偶尔假装不小心，放在她差一点才能够着的地方，不要故意去让她挨饿，也不要戏弄她，不要像平常那样无微不至即可。"这一天终于来了：出于饥饿与不耐烦，玛德琳无法再耐心地坐待喂食，她第一次伸手，费力地摸索到了一个百吉饼，成功送到了自己嘴边。这是自她出生60年来第一次使用手，意味着她终于成了谢灵顿行为定义下的"行动个体"（谢灵顿的定义，人通过行为来展示自己），也意味着她第一次拥有了手部的感知能力，成了一个完整的"感知个体"。她的第一次感知、第一次认知，竟然来源于一个百吉饼，或者说"百吉饼时刻"。这相当于海伦·凯勒的第一次认知与发声来源于水，或者说"水的时刻"。

第一次行动与认知一经出现，事态便以不可抵挡的速度飞快演变。自她伸手摸到百吉饼至今，伴随着对探索的渴望，她已经将周边的世界全部感知了一遍。由吃引发了对各种食物、器皿、材料的感受和探寻欲。由于她不像海伦·凯勒至少对触觉有一定概念，而且心中连最基本的图像都没有，她不得不绕了一大段路干预和构想，最终才实现"认知"。要不是她有着卓越的智慧与学识，想象力由他人一字一句构建成图像不断补充维系，如今的她可能还会像婴儿般无助。

她能摸到：百吉饼是圆形的面包，中间有个洞；叉子细长而扁平，有着尖齿。不久，这种初步的分析被直觉取代，她一碰到就可以立刻意识到手中的是什么，对物体的特点和形状非常熟悉，这些特征就像一个个老朋友，都是独一无二的。这种认识，不是分析性的，而是综合且直接的，带着喜悦，感觉自己正在打开一扇通往极具魅力、神秘且美丽的世界的大门。

哪怕是最平常的物件都能让她欣喜异常，不仅带来愉悦的心情，还激发了复制的欲望。她要来了黏土，开始塑造模型：第一个模型是一个鞋拔子,虽然平平无奇,但在她的手下,鞋拔子却被注入了独特的力量与趣味,有着流畅、充满力量感的丰满曲线,让人不禁想起亨利·摩尔[1]早年间的作品。

在初次认知后的几个月里,她的注意力和欣赏对象由物体转向了人。毕竟,即使拥有天真、质朴、时而诙谐的天赐才能,一个人对事物的兴趣和表达也存在限度。现在,她更需要探索人在静态和动态中的表情和体态。成为玛德琳感知的对象,是一场超凡的体验。她的双手在刚才还一动不能动,软软绵绵,现在似乎充满了一种不可思议的活力和感受力。事物不仅仅被认识,被审视,更以一种比任何视觉观察都更强烈的探索方式,通过她作为一名新生艺术家的身份,通过沉思、想象,从美学的角度被"品尝"和欣赏。她的双手,不是一双盲人女性不断摸索试探的手,是一双盲人艺术家的手。她思想深刻而富有创造力,刚刚跨入感官和精神世界的大门。但是这一系列探索在外部现实的重现和复制欲面前,有点跟不上脚步。

她开始塑造人头和人体模型,不出几年,就在当地小有名气,被誉为圣本笃的盲人雕塑家。她的雕塑往往是真人比例的1/2或3/4大小,造型简单,辨识度高,她的表现力令人过目难忘。对任何人而言,不论对我还是对她自己,这都是一场深切动容、振奋人心、堪称奇迹的体验。谁能想到一个人在60岁时还

---

[1] 亨利·斯宾赛·摩尔(Henry Spencer Moore, 1898—1986),英国雕塑家,是20世纪最著名的雕塑大师之一。

能重获出生几个月时本该获得的基础感知力呢？这为后天学习的人们和残疾人士的复健开辟了多么美妙的可能性道路啊。谁能想到这个双目失明、颤颤巍巍、与世隔绝、无法独立生活、被过度保护的女人居然拥有如此卓越的艺术感知力（别说别人了，连她自己都没发现），而且这项天赋还能开花结果，在隐匿和沉睡60年后，结出如此罕见而绚烂的果实呢？

后记

玛德琳·J. 的情况并非个例。在玛德琳事件结束后，我在一年内遇见了另一名患者（西蒙·K.）。他同样患有脑瘫和严重的视力缺陷。虽然 K 先生的双手有着正常的力气与知觉，却鲜少使用，他在拿东西、触摸和辨认物体时显得十分笨拙。受玛德琳·J. 案例的影响，我们猜测他也患有类似的"发展性失认症"，因此做同类病例处理。经证实，在玛德琳身上取得的成功在西蒙身上同样奏效。不出一年，他就对所有手部活动应对自如，尤其喜爱简单的木匠工作，主要是将胶合板和木块制作成型，组装成简单的木制玩具。他不像玛德琳那样是天生的艺术家，没有塑造和复制的冲动。但是，在过了几乎 50 年没有手参与的生活后，他终于能够随心所欲地在各种情形下使用双手了。

更值得关注的是，他轻度智障，是一个单纯天真的傻瓜，和富有天赋、激情满满的玛德琳形成鲜明对比。人们可能会觉得，玛德琳如海伦·凯勒一般天赋异禀，万中无一。但绝对不会有人对心思单纯的西蒙持类似看法。然而最重要的成就——手的成就——在两人身上完全一致。显然，智力在手的使用上并不重要，唯一重要的是使用。

这种发展性失认症的病例很少见，但获得性失认症的病例非常常见，这说明基本使用原则是一致的。因此，经常出现患有糖尿病引起的手套、袜套式感觉障碍的患者。如果神经病严重到一定程度，患者就会超越麻木的感觉（手套、袜套式感觉障碍），产生一种彻底的虚无感或幻灭感。他们感觉（一位病人说）自己"四肢不全"，手和脚"不见了"。有时他们觉得自己的胳膊和腿都断了，像是变成了面团或是石膏黏在身上。这种不现实的感觉，绝对是突然出现的……而回归现实，也同样突然。这是由一个关键（功能和本体论）阈值决定的。对病人来说，使用手脚至关重要，甚至在必要的时候，要"诱骗"他们这样去使用。患者可能会突然出现再认识——突然跃回主观现实和"生活"中……如果有足够的生理潜能（如果是完全性神经病变，神经远端部分完全死亡，这样的再认识就不可能发生）。

对于患有严重但不完全神经病变的患者来说，少量地使用手脚至关重要，它决定了患者是"四肢不全"还是功能合理。如果过度使用，可能会导致神经功能疲劳，突然失去意识。

同时，这些主观感觉有着精准的客观联系：手脚肌肉中存在局部"电静息"；在感觉角度下，感觉皮质的各个层面都完全没有任何"诱发电位"。一旦手和脚通过不断使用实现再认识，生理状况将彻底反转。

这种僵死与不真实的类似感觉，我曾在本书第3篇《灵肉分离的女子》中描述过。

6
幻影重重

神经学家口中的"幻影"指的是人在失去身体的某部件,通常是四肢后的几个月甚至几年中,眼前一直会出现或是会不断看到丢失的部件在记忆中的样子。早年间,美国著名神经学家塞拉斯·韦尔·米切尔对幻影进行了详细的分析与描述,从内战开始到结束后都做了持续研究。

韦尔·米切尔将幻影分为几类。有些幻影形态怪异,如鬼魂一般虚幻(或称之为"感官鬼魂"也不为过);有些则难以忽视,危险异常,栩栩如生,仿佛真实存在;有些会给患者造成巨大痛苦;而有些患者却一无所感;有些会像照片一般写实,看起来像是假肢或是肢体的复刻;有些却奇形怪状,扭曲不堪。此外,还有诸如"消极幻影"和"虚无幻影"的叫法。米切尔指出,"肢体影像"(这一概念由亨利·黑德[1]于50年后提出)之所以会扭

---

[1] 亨利·黑德(Henry Head, 1861—1940),英国著名神经病学家。

曲，显然是由神经中枢问题（感觉皮质尤其是脑顶叶部分出现的刺激或损伤）或外围神经问题（神经残端或神经瘤、神经损伤、阻断或刺激、脊髓神经根或感觉束紊乱）造成的。我个人对这些外围因素非常感兴趣。

下面几段摘自《英国医学杂志》"临床珍奇"一栏，非常简短，几乎都是奇闻逸事。

幻指

一名水手意外砍掉了自己右手的食指。在接下来的40年中，他饱受幻影困扰，总能看到手指像切断时那样，直挺挺僵硬地躺着。每当他将手移至面前，比如吃东西或挠鼻子的时候，都生怕这个手指幻影会戳瞎自己的眼睛。（虽然他知道这不可能，但这种感觉无论如何也无法消除。）后来，他患上了严重的感觉性糖尿病神经病，失去了全部知觉，甚至连一根手指都动不了，幻指才最终随之消失。

众所周知，感觉性中风等中枢神经病理性紊乱可以"治愈"幻影症。而外围病理紊乱又有多大的可能产生同样效果呢？

消失的幻肢

所有截过肢的人，以及与他们一起工作的人都知道，如果要使用假肢，幻肢必不可少。迈克尔·克雷默博士写道："幻肢对截肢患者的价值不可估量。可以肯定，没有任何一个截肢患者在肢体影像或'幻肢'和假肢完美融合前，能够自如称心地安装假肢行走。"

因此，失去幻肢可以说是一场灾难，一旦失去，复苏复现便迫在眉睫。这一过程会产生多方影响：韦尔·米切尔曾描述过，臂丛神经感应电疗是如何将一个消失了25年的幻手突然"复活"的过程。我的一名患者称，他必须在早晨"唤醒"幻肢：先将大腿残肢向身体内侧弯曲，然后像拍婴儿的屁股一样猛拍几次。拍到第五或第六次，幻肢会突然出现，被外围神经刺激，重新激活，焕发光彩。随后，他才能装上义肢行走。你也许会好奇，截肢患者还会使用什么奇怪的方法呢？

位置性幻肢

一位名叫查尔斯·D.的患者因跌倒和眩晕转至我们这里，转送医院怀疑他患有迷路紊乱症，但尚未找到依据。仔细一问，他的问题根本不在眩晕，而是一种不断变化位置的错觉。在他眼中，地板会突然变远，又突然变近，时而升高下降，时而颠簸，时而倾斜。用他自己的话来说，"就像乘着船在波涛汹涌的大海里穿行"。他摇摇晃晃，左摇右摆，除非低头盯着自己的脚才能稳住身体。要获知脚和地板的真实位置，视觉至关重要——感觉充满迷惑性，已不再可靠——但有时视觉也会被感觉击溃，让地板和脚不断变换着位置，十分可怖。

很快，我们诊断他患有严重的脊髓痨和由背根受累造成的"本体感受错觉"。因此，他的视觉才会不断变化。人人都清楚脊髓痨末期的典型症状，在这一阶段，腿可能会出现本体感受性

"失明"。各位读者,你们有没有遇到过这种由急性(但可逆)的脊髓痨紊乱引起的位置幻觉或错觉的过渡阶段呢?

这位患者的描述,让我想起了一个亲身经历过的奇特事件,该事件发生在我自己本体感受性暗点的恢复过程中。我曾在我的另一本书《单腿站立》中描述道:

> 我站立不稳,不得不向下看,随后立刻察觉到,不安定的来源就是我的腿——更确切地说,是那个平平无奇,像是根圆柱状粉笔的东西。这个粉笔般惨白的抽象物在充当我的腿。有时候,这根圆柱体有一千英尺[①]长,有时候仅有两毫米;一会儿胖,一会儿瘦;一会儿向这边倾斜,一会儿向那边倾斜。它的大小、形状、位置和角度都在不断变化,一秒钟变化四五次。这种变化程度非常显著——就像是每个连续"帧"之间有一千倍转换率……

幻影——死还是活?

人们常常对幻影有一种误解——它们是否应该出现?是否是一种病症?是"真实的"还是"虚假的"?文学作品中的描述令人困惑,但病人不会——通过他们对不同幻影的描述,医生可以解决上述问题。

---

① 1英尺等于30.48厘米。

一个头脑清醒、膝盖以下截肢的人向我如此描述：

> 幻脚有时会疼得要命——脚趾会蜷缩或者痉挛。到了晚上、不装上假肢，或者不做任何事情的时候，疼痛最剧烈。可是一旦装上假肢行走，痛苦就消失了。我仍然能真切地感觉到那条腿，但它不过是个幻影罢了。正是因为它，我才能使用假肢，才能走路。

对于包括这名患者在内所有的病人而言，赶走"不好"的（或被动的、病态的）幻影，让"好"的幻影，也就是对腿部有持续记忆或印象的幻影，在他们需要的时候能保持鲜活、有力，这样的用处不是胜于一切的判断标准吗？

后记

许多（但不是所有）产生幻觉的患者都会经历"幻痛"，即幻觉中的疼痛。有时这种疼痛很奇怪，但通常是一种"普通"的痛感，是一种存在于之前肢体上的持续性疼痛，或是肢体原先位置上可能出现的阵痛。自从这本书出版以来，我收到了许多病人的来信，十分有趣，都和这个症状相关：其中一位病人说指甲长进了肉里，倍感不适，主要是由于截肢前没有"关照"它，使得截肢后疼痛持续了多年；也有一种完全不同的疼痛——幻肢中出现的剧烈神经根痛或"坐骨神经痛"——出现在急性"椎间盘突出"之后。随着椎间盘移除，脊柱融合，疼痛消失。这样的情况并不罕见，绝非"想象虚构"，确实可以用神经生理学的方法开展研究。

乔纳森·科尔医生是我过去的学生，现在是一名脊髓神经生理学家。他描述了对一位患有持续性幻肢痛女士的治疗过程。他先用利多卡因将棘韧带麻醉，再使幻肢短暂麻醉（准确说是消失）；这种脊髓根电刺激疗法会使患者在幻觉中产生一种刺痛感，与通常出现的钝痛感完全不同；对脊髓施加更多刺激可以减少幻痛（私下交流得出的结论）。科尔医生还对一个患有14年感觉多发性神经病患者进行了详细的电生理研究，该患者的症状在许多方面与《灵肉分离的女子》中克里斯蒂娜的症状非常相似（参见1986年2月《生理学会学报》第51页）。

7
水平线上

我曾在圣邓斯坦一家专为老年人开设的神经诊所见过麦格雷戈先生。9年过去了,他的样貌依旧清晰地浮现在眼前,仿佛昨天才见过面。

他侧身进门,我问道:"你怎么了?"

"怎么了?没怎么,一点事都没有……但是,别人一直跟我讲,我总是向一边倾斜。他们说:'你就像个比萨斜塔,再斜一点你就直接栽倒了。'"

"你自己没感觉吗?"

"没有。不知道他们是什么意思。我要是斜着,自己怎么会不知道呢?"

"真是一桩怪事,"我赞同道,"来仔细检查一下吧。你先站着不要动,然后从这边慢慢走到墙那里,再走回来。我想亲眼看看,你自己也好好感受一下。我会拍下整个过程,你一走回来就播放。"

"没问题，大夫。"他说完便猛冲几次，站起身来。真是个硬朗的老先生，虽然已经是93岁的高龄，但看上去连70岁都不到，精神矍铄，活力四射。这种状态活到100岁都不成问题。哪怕患有帕金森病，他依旧像运煤工一样健壮有力。他的步伐自信从容，轻快灵活，但重心奇怪地偏向左边约20度，非常勉强地维持着平衡，好像稍有不慎便会摔倒。

"好了！"他开心地笑着说，"你看！一点问题都没有，直得不能再直了。"

"真的吗？你过来看看。"我说道。

我将录像带拨回到起始点，开始播放。他看到屏幕上的自己，大为震惊，双目圆睁，嘴都合不上，喃喃自语道："完了！他们说得对，我真的在往一边歪。视频里一清二楚，而我却完全没有意识到，一点感觉都没有。"

我回答道："正是如此，这正是问题的关键所在。"

我们拥有五感，正是这五感让我们深感自豪，让我们赞美颂扬。它们构成了人类的感知世界。也有其他感官存在，比如神秘感官，第六感（如果你察觉到的话）相当重要，同五感相比，不分伯仲，却不为人所知，更无人赞美。这些感官属于潜意识自发性的感受，等待着被人们发掘。从历史上来看，人们很晚才意识到它们的存在：比如维多利亚时代的"肌肉的感觉"，指的是由关节和肌腱感受器触发的、对躯干和四肢相对位置的感受。这一概念在19世纪90年代被正式命名为"本体感受"。而那些使我们的身体保持平衡的复杂机制和控制系统在 20 世纪才正式定义,至今依然有诸多令人费解之处。也许,只有在当今时代,在这个悖论重重、宣称无重力生活且危机重重的时代,我们才能真正相信内耳、前庭和其他隐秘的接收器和反射弧。正是因为它们,我们才能保持身体平衡。普通人在一般情况下根本感受不到它们的存在。

但是它们一旦缺失,问题将暴露无遗。如果这些经常被忽视的神秘感官出现缺陷(或扭曲),我们将感到非常怪异,难以言表,无异于变成瞎子或聋子。

同理,当本体感受彻底失灵,我们也会失明失聪。正如该词的拉丁词源"固有的"那样,人们将感知不到自己,身体也感知不到身体(见本书第 3 篇《灵肉分离的女子》)。

麦格雷戈突然变得专注,眉头郁结,双唇紧闭。他一动不动地站在那里,陷入沉思。我乐于见到患者处于实实在在的发现过程中,看着他们半惊半喜,第一次真正思索哪里出了问题并思考对策。这就是治疗。

"让我想想,让我想想。"他喃喃说道,像是在自言自语,杂乱蓬松的两道白眉沉重地压在双眼上,他每说一个字,都挥舞着粗糙的手,有力地打着手势。

"让我想想,你也想想。肯定有什么原因让我感受不到自己的倾斜,不是吗?肯定有某种明确的征兆,只是我没发现,不是吗?"他稍做停顿,"我过去是个木匠,"他的脸色逐渐转好,"我们常用水平线判断一个平面是水平还是歪斜。人的大脑是不是也有类似的准线?"

我点了点头。

"帕金森病会不会造成大脑这部分失常?"

我再次点头。

"这就是我走路歪斜的原因吗?"

第三次点头后,我肯定地说:"是的。是的。是的。"

说起大脑中的水平线,麦格雷戈先生曾谈及一个基础类比,将大脑中的核心控制系统比作水平仪。内耳中的一部分作用相当于水平仪;由半循环管道组成的迷路中有液体,随时处于维稳状态。但以上这些在他身上都没问题。问题在于,他没有能力将保持平衡的器官带来的感受和周围的画面联系起来。麦格雷戈的概念范围不仅包括迷路,还包括迷路、主体感受和视觉三者共同组成的隐秘感官。而帕金森病会对三者的综合感官造成影响。

对于该感官集合体和帕金森病造成的分离最深入、实用性最强的研究是后来由珀登·马丁主持的,研究成果刊登在著名的《基底神经节与姿态》中。研究最初在1967年发表,随后不断修订和扩展。在离世前不久,他还在撰写最新版本。谈及大脑的感官集合体,珀登·马丁写道:"大脑中必然存在我们称之为控制器的中枢和高级区域,两者决定着人体的平衡。"

在"倾斜反应"一节中,珀登·马丁强调了三方协作在维护稳定、直立站姿时的作用。他指出,在帕金森病的影响下,微妙的平衡被打破,这种情况十分常见。而且值得注意的是,迷路感官的失常往往比本体感受早，更早于视觉。在三重控制系统中，其中一个感觉和控制力可以对其他两个起补偿作用，但不可完全替代（因为三种感官各有不同），但至少是部分补偿，而且是有益补偿。通常视觉反射与控制最为次要。只要前庭和本体感受系统完好无损，我们闭着眼睛也能稳稳地站着，不会倾斜或摔倒。但帕金森病患者则摇摇欲坠，闭着眼肯定会摔倒。我们经常看到帕金森病患者的坐姿非常倾斜，而他们自己却没有意识到这种情况。应该给他们一面镜子，这样他们就能发现问题，站直身子，矫正过来。

本体感受系统在很大程度上可以弥补内耳缺陷。因此，病人在切除迷路后（这么做有时是为了缓解梅尼埃病引起的致残性眩晕，这种痛苦实在是难以忍受），哪怕最初无法站立，一步都迈不出去，依然可以学会使用并提高本体感受；而且他们可以将背部阔肌的传感器（人体中最大、最活跃的肌肉）变为新的附属平衡器，就像一对巨大的翼状本体感受器一样。患者通过训练将这些转化成第二天性，便能站立行走——虽然不完美，但至少安全、有保障且轻松可行。

珀登·马丁经过深思熟虑，巧妙地设计出各种机制方法，帮助患有帕金森病的严重残疾人士在一定帮助下拥有正常的步态和姿态。比如他通过在地板上画线，在腰带上捆绑平衡物，利用起搏器的响亮嘀嗒声，设定行走节奏。他是一位有着深刻思想的先驱，不断从病人身上学习（他的伟大著作正是献给这些病人的）。他认为治疗的核心在于理解与合作：病人和医生相互平等，应该互相学习,互帮互助,以此收获新见解,发掘新治疗方法。据我所知,他还设计出一种假肢,用来矫正因受损而倾斜、升高的前庭反射。这正好可以解决麦格雷戈先生的问题。

"只能这样了,是吗?"麦格雷戈先生问道,"虽然大脑中的水平仪失常,不能靠耳朵,但我可以依靠眼睛。"他试着把头歪向一边:"现在看起来正常了——没有倾斜。"然后他说需要一面镜子,我便拿来一面长镜摆在他面前。"现在我能看出自己是歪的,"他说,"这样我就可以直过来了——也许可以这样保持下去……但是我又不能住在镜子周围,也不能随身带着这么大的镜子到处走。"

他再次陷入沉思,专注地思索,眉头紧皱——突然,他豁然开朗,露齿一笑。"我想到了!"他喊道,"大夫,我想到办法了!我不需要镜子,只要一根水平线就行了。不能使用大脑中的感官基准线,并不意味着不能使用大脑以外的水平线——我可以用眼睛看呀!"他摘下眼镜,意有所指地指指自己的眼睛,笑逐颜开。

"比方说,在我的眼镜边上挂一根水平线,这样我的眼睛就可以判断是否倾斜。也许一开始我需要时时刻刻地盯着它,会很累,但之后它就会变成第二天性,不再需要校准。大夫,你觉得怎么样?"

"这个主意棒极了,麦格雷戈先生,试试看吧。"

原理再清楚不过,但机制有点复杂。我们先做了一个钟摆实验,在眼镜边缘挂了一根加重的线,但是这条线离眼睛太近,根

7　水平线上

本看不见。后来，在验光师和专业工作室的帮助下，我们做了一个从眼镜桥向前延伸的夹子，相当于两个鼻子长度，并在每一边都固定了一个微型水平板。我们想出了各种各样的设计，都在麦格雷戈先生测试后进行了修改。几周后，样品出炉，有点像希斯·鲁滨逊的眼镜。"这是当今世上独一无二的眼镜！"麦格雷戈先生得意扬扬地说。眼镜在他脸上显得有些笨重古怪，但还是比之前那副像助听器一般的呆板眼镜强很多。现在的他看上去有些奇怪——戴着自己发明制作的眼镜，目不转睛，就像一个舵手注视着船上的罗盘。某种程度上还是有点作用——至少他不再歪斜了；但这需要持续不断地练习，十分累人。接下来几周，这一过程变得越来越容易；他不再需要盯着眼前的"工具"，就像在驾车时随心所欲地思考、聊天、做其他事情，无须时刻盯着仪表盘一样。

麦格雷戈先生的眼镜在圣邓斯坦风靡一时。后来有几位同样遭受着倾斜反应和姿势反射问题折磨的帕金森病患者问诊——这些症状不仅十分危险，还是出了名的难以治疗。很快，患者们接二连三地戴上了麦格雷戈先生的眼镜，如今也可以像他一样在平地上保持直立，不偏不倚地行走了。

8
向右看！

S女士在60岁时得过严重的中风，右脑深层区域和后侧受损，但为人依旧风趣幽默，充满智慧。

有时，她会抱怨护士没有把甜点和咖啡放到她的托盘上。护士辩解道："可是，S女士，东西就在那里啊，在你左边。"S女士仿佛完全没听懂，也没往左边看；直到她把头稍微一偏，看到甜点出现在她右侧视线范围内，才说道："哦，在这儿啊，刚才还没有的。"无论是对周边事物还是自己的身体，她都没有"左"的概念。有时，她会抱怨自己的食物太少，但这是因为她只吃盘子右边的部分，不知道左边也有食物。

有时，她会涂上口红，给右半边脸化妆，忘记了左脸也要化。她的注意力无法分散在左侧（注意缺失，见巴特斯比1956年著作），因此根本不可能意识到这些问题，也不觉得自己哪里做得不对。当然，她具有相关知识，知道这是怎么回事，得知自己的状况后还付之一笑,但要让她直接看到这些问题简直难于登天。

不过,因为有一定相关知识,并且会推导这些问题带来的后果,她想出了一些策略,尝试解决知觉缺陷问题。她不能向左看,不能往左转身,那就干脆向右转一圈。因此,应她的要求,我们给了她一台旋转轮椅。如果她看不到左边本该存在的东西,就会向右转一圈,直到看到为止。她发现,这个方法用来找怎么也找不到的咖啡和点心非常有用。如果食物的量过少,她就把轮椅往右转,直到能看到之前消失不见的另一部分。把这些吃掉,或者吃掉这部分右边的一半,饱腹感会变强不少。如果还是饿,或者她想了想,发现自己可能只看到了左边这部分的一半,她便会再转一圈,把剩下的四分之一再吃掉一半。通常吃了这么多,也就是全部的八分之七就已经饱了,但有些时候她会非常饥饿,饿得难以忍受。这时,她会转第三圈,再吃掉十六分之一的食物(当然剩下的十六分之一就不吃了)。她说:"真是荒唐可笑。我感觉自己就像芝诺的箭①,永远都到不了靶心。虽然很滑稽,但我在这种境地下又能做些什么呢?"

---

① 芝诺(Zeno,约公元前490—约公元前436),古希腊哲学家。他提出了一系列逻辑哲学的悖论和问题,其中最著名的便是"飞矢不动"的悖论。"飞矢不动"悖论是指:一支箭正在空中飞行,但在任意一刻的时间里,箭头所在的位置是固定不动的,因为它要么在它原来的位置上,要么在它目前所在位置上,而在某一瞬间它既不在原位置也不在目前所在的位置上,从而箭头必须要么停留在空中,要么是瞬间穿过了目标,这显然是不可能的。

其实，转动盘子比转椅子更简单方便，她对此表示赞同，尝试了一下——至少朝这个方向努力了一把。但奇怪的是，转盘子并不像转椅子那么自然，反倒要困难得多。因为她的眼睛、注意力、下意识的动作和神经冲动全部只有"右"这一个方向。

令她最为沮丧的一次经历，使她沦为了所有人的笑柄。当时，她出现在大家面前，脸上只化了一半妆，左脸毫无粉饰，滑稽异常，连口红和腮红都没有。她说："我是对着镜子化的，所有能看到的地方我都化了。"我们猜测，是不是她的脑海中有一面"镜子"，使她眼中的左脸变成了右脸，正如别人面对她站立时在她眼中的样子一样？我们试过用摄像头和相机正对着她录像，结果令人惊诧不已。她看着屏幕上的自己，意识到自己的左脸实际上是右脸。正常人都有可能搞混（每个对着屏幕刮胡子的人都经历过这种事），更别提她了。因为中风，她现在看到左侧脸和身体都没有任何感觉，她嚷道："把它拿走！"她听起来既沮丧又困惑。我们也就没再进行下一步研究了。很可惜的是，R.L.格雷戈里设想过，视频反馈对这些注意力缺陷、左半边视野消失的患者的恢复可能会提供很大希望。这个问题在物理层面上，尤其在形而上学层面上，令人困惑，只有依靠实验才能解决。

后记

电脑和电脑游戏（在 1976 年，S 女士问诊时还没有问世）对于单侧忽视症患者找到"缺失"的那一半，或者教他们如何去寻找，有着不可估量的作用。我于近日（1986 年）制作了一部与此相关的短片。

几乎在同一时期，一本非常具有影响力的著作刚刚出版，因此我无法在最初版本中引用。这本书由 M. 马塞尔·马瑟拉姆编撰，名为《行为神经学原理》（1985 年）。我十分想引用马瑟拉姆对"忽视症"的表述：

> 当忽视这一现象极为严重之时，患者的表现就仿佛宇宙的一半突然消失，失去了所有存在的意义……单侧忽视症患者意识不到左侧发生的任何事情，也不觉得任何重要的事会发生在左侧。

9
总统的演讲

怎么回事？失语症病房突然爆发出一阵哄堂大笑。患者们一直都很渴望聆听总统的演讲……

总统，那个演员，站在那里，魅力四射。他忘情地表演着，辞藻老练，演技优秀，超强的感染力逗得病人哈哈大笑，前仰后合。当然，也不是所有人都这样：有些观众看起来很困惑，有些人则看起来很愤怒，还有一两个人看起来忧心忡忡的。但是，大多数人都眉开眼笑。总统像往常一样，激发着他们的情绪，不过主要还是逗他们笑。他们在想什么？会理解不了吗？还是说，他们太明白了？

人们常说，这些病人虽然聪明，但他们有着最严重的接受性失语症[①]或全面失语症，无法理解人们的所有话，但大多数还是

[①] 接受性失语症是由于言语听觉中枢（位于顶、枕、颞叶交会处的颞上回）受损所发生的失语症。

可以理解的。就连他们的朋友、亲戚和熟络的护士，有时都很难相信他们是失语症患者。

因为，当对方讲话比较自然时，他们可以捕捉到绝大多数含义。这里的"自然"是指真正自然流畅的讲话。

因此，想要让他们暴露出失语症症状必须要付出相当大的努力，像神经学家那样改变自然的说话和行为方式，去除所有语言外的内容——语音语调、明显的强调与音调变化，以及所有与视觉相关的内容（表达、动作、所有无意识中展现出的技能和姿态）：必须要把这些元素通通去掉（可能还包括抹杀个人特质，甚至使用电脑合成声音掩藏本来的声音），才能将演讲简化为纯粹的语言，即去掉弗雷格所说的"音色"或"重现"。面对最敏感的患者，只有通过人工、机械的语言——类似《星际迷航》里的计算机语言——才能百分之百确诊他们患有失语症。

为什么要这样做呢？因为演说——自然的演说——不只由语言组成，并不仅仅（正如休林斯·杰克逊所想）包括"命题"。它由表达组成——一个人作为整体的全部意义的表达——理解它包含的远不止文字的识别。即使他们可能完全无法理解文字本身，文字以外的东西也为失语症患者提供了辅助作用。虽然这些语句、言语结构本身并不能传达任何信息，但口语中通常充满了"语调"，"语调"蕴含在一种超越言语的表达之中——虽然对言语意义的理解被完全破坏了，但这种深刻多样、复杂微妙的表达在失语症中得到了完美保留。超自然的感受却能更多地被保留和增强……

错把妻子当帽子

所有与失语症患者密切工作或生活过的人，包括家人、朋友、护士或医生都很清楚这一点——它通常表现得极为引人注目、滑稽或富有戏剧性。也许我们在开始的时候看不出什么问题，但后来会发现，他们对语言的理解发生了很大的变化，几乎是一种颠覆性的改变。某些东西消失了，被摧毁了。事实的确如此——新事物出现，取而代之，并得到极大的增强；因此——至少在充满感情的表达中——即使遗漏了每一个词，他们也可以完全理解其中的含义。在"语言人"概念下，几乎倒置了通常的秩序：倒置，或许也是逆转，向更原始、更基本的方向转变。也许这就是为什么休林斯·杰克逊把失语症患者比作犬类（这是多么不恰当！）。不过，这么比喻主要是因为他想到了犬类极差的语言能力，但犬类对"语调"和感情却有着非凡的几乎毫无差错的敏感度。亨利·黑德敏锐地察觉到这一点，在1926年关于失语症的论文中谈到了"情感语调"，并强调在失语症病例中，情感语调是如何保留并增强的①。

---

① 情感语调是黑德很喜欢的术语。他不仅将这一概念应用在失语症上，还用在感官的情感特质上，因为感官的情感特质可能会因丘脑或周边出现障碍而改变。黑德不断地被下意识地吸引去探索情感语调——被情感语调神经学吸引。而情感语调神经学与具有经典命题和过程的神经学形成对比，相互补充。同时，情感语调在美国是一个常见的术语，至少在南方黑人间广为使用：是一个常见、朴实且不可或缺的术语。"你看，有这样一种情感语调……如果你没有，宝贝，现在你有了。"（这句话被斯特兹·特克尔引用，作为1967年口述历史《迪维辛大街：美国》的题词。）——作者注

因此，我有时会有一种感觉——所有与失语症患者存在密切联系的人都有这种感觉——无法对失语症患者说谎。他们不能领会你的言语，因此不会被它们所骗；他们准确无误地掌握伴随着言语的表达，那种完全自发、下意识的表达，绝对无法像言语那样轻易地被模仿或伪造。

我们在犬类身上也发现了同样的特征，并且经常利用这一特征辨别谎言、不良企图和模棱两可的意图，以此判断哪些人值得相信，哪些人诚实，哪些人逻辑清晰。由于我们太容易受言语的影响，因此直觉并不可信。

犬类能做的这些，失语症患者也能做到，而且能力远超人类正常水平。尼采写道："人可以满嘴谎言，但痛苦的表情还是会道出真相。"失语症患者对这种痛苦的表情、对身体外貌或姿态中流露出的任何虚假或不恰当的地方都异常敏感。就算他们看不见——失明的失语症患者就是如此——还是可以凭着一双听力准确无误的耳朵，辨别声音每一个细微之处：音调、节奏、韵律、音色，还有最细微的变调、转音、语调变化。这些决定了一个人声音的真实性。

因此，他们的理解能力可以帮助他们，即便不借助语言也能理解其背后的真实与虚假性。对这些无法言语但极度敏感的病人来说，痛苦的表情、怪异的腔调、虚假的手势，尤其是假模假式的语调和停顿都异常明显。失语症患者对这些最明显，甚至怪诞、不协调、不恰当的行为做出的种种反应说明，他们没有被言语欺骗，也没有被言语蒙蔽。

这就解释了，他们为什么听着总统的演讲会如此开怀大笑。

考虑到失语症患者对表情和"语调"的特殊敏感性，我们不能对他们撒谎。那么，也许有人会问，如果有些患者正好相反，他们缺乏对表情和"语调"的感受，却保留了对言语的感觉力呢？我们的确有一些这样的病人住在失语症病房。从严格意义上说，他们患的不是失语症，而是失认症，特别称之为"语调"失认症。一般而言，对这些病人来说，声音的表达特质消失了——从语调、音色、感觉，到整个特点，他们对单词（和语法结构）却能完全理解。这种语调失认症（或称"失语症"）与大脑右颞叶的紊乱有关，而失语症则与大脑左颞叶的紊乱有关。

在失语症病房的语调失认症患者中有一位名叫埃米莉·D.，右颞叶有一个胶质瘤，她也听了总统的讲话。埃米莉·D.曾经是一名英语教师，也是一位颇有名气的女诗人，她对语言有着特殊的感受力，具有很强的分析和表达能力，能够清楚地表达完全相反的情况——对于一个语调失认症患者来说，总统的讲话听起来如何？埃米莉·D.无法分辨一个声音是生气、高兴还是悲伤——不管是什么都分辨不了。由于声音没有表情，她必须仔细观察人们的面部表情、说话时的姿势和动作，此时她的脸上展现出了一种从未有过的谨慎和认真。但这种情况不多了，她患有恶性青光眼，很快便会失明。

她极度注意用词的准确性和使用，也如此要求身边的人。她理解松散的演讲及俚语的能力越来越差——这里指暗示性强或情绪化的演讲——她开始要求别人以散文的方式同她讲话——"在适当的地方说适当的词"。她发现散文的形式在某种程度上可以弥补自己感知的语调和感情能力上的缺失。

通过散文式交流，她能够保留甚至增强"表达性"语言——意义依赖于恰当的词语选择或引用——尽管在此过程中，越来越多的"唤起性"语言（意义依赖于语气和意义）将失去意义。

埃米莉·D.面无表情地听着总统的演讲，增强的感知和有缺陷的感知以奇怪的方式相融合——这种融合与失语症患者的融合恰恰相反。演讲没有打动她——丝毫没有——所有振奋人心的内容，无论是真实还是虚假，她都视而不见。失去情感反应的她，究竟是像我们其他人一样被深深吸引还是陷入了演讲中？都不是。她说："他没有说服力，他的散文式语言讲得并不好，用词不当。要么他脑子有问题，要么就是他想要隐瞒什么。"总统的演讲对埃米莉·D.没有任何效果，因为她对正式语言的使用有更强的感受力。正式用语就像散文一样得体，正如对失语症患者一样，他们虽然失语，但对语调有着更强的感受力。

这就是总统演讲中的矛盾之处。毫无疑问，我们希望被愚弄，也确实常常被愚弄（世界想要被欺骗，那就让它被欺骗）。欺骗性的词语和语调巧妙结合，只有大脑受损的人才能绕过陷阱，不被欺骗。

第二部分 · **功能过度**

导言

如前所述，"缺失"一词在神经学界很受欢迎。事实上，它是唯一可以用来形容所有功能紊乱类型的词。功能（如在电容器或保险丝中）要么正常，要么有缺失：在机械性神经学这个本质上代表能力与连接的系统中，还有什么词能比它更合适呢？

那么，"缺失"的反义词是什么？功能过度？神经学没有专门的词加以形容，因为这样的概念并不存在。功能，或功能系统，不论运作与否：这些是所允许范围内唯二可能出现的情况。因此，那些有着高活性的疾病对神经学的基本机械性概念发起了挑战。毫无疑问，这就是为什么这些随处可见、重要且有趣的缺陷，从未得到应有关注的原因之一。功能过度在精神病学有所涉及，比如过于兴奋、效率过高——过度的幻想、冲动和狂热；在解剖学和病理学中也有出现，有人将其称为畸胎瘤的肥大和畸形。但生理学上没有类似的概念——没有类似于畸形或疯狂的类比。据此可知，我们对神经系统的基本概念或看法远远不够——神经系统就像一台精密的机器或计算机，需要用更动态且生动的概念加以补充说明。

如果只考虑我们在第一部分中提到的个人功能缺失，这种缺

导言

陷可能并不明显。但如果涉及患者的过度行为——不是失忆症，而是过度记忆；不是失认症，而是知觉歪曲；以及所有我们能想象到的其他"亢奋"的症状，这种缺陷就会变得很明显。

"杰克逊式"经典神经学从来没有囊括过这种过度紊乱，它主要是指功能的过度富余和极速增长（与所谓"释放"相反）。休林斯·杰克逊本人确实提到过"超生理"和"超积极"的状态。但在这里，我们可以说，他是在放任自己，在娱乐，或者，简单来讲，只是忠于他的临床经验，哪怕与他自己提出的机械功能概念不一致也不在乎（这种矛盾是他作为天才的特点，也揭示了他的自然主义和僵化的形式主义之间的鸿沟）。

直到现在，我们才找到一位将其视为"过度"的神经学专家。由此，鲁利亚的两本临床传记可以很好地达成平衡：《破碎的世界》讲的是功能缺失，《记忆大师的心灵》讲的则是功能过度。后者比前者更有趣，也更新颖，因为其本质是对想象和记忆的探索（这种探索在经典神经学中不可能出现）。

在《苏醒》一书中，有一种内在平衡：服用左旋多巴前的运动失能、意志缺失、动力缺失、无变应性等功能的严重匮乏；服用左旋多巴后的运动过度、意志过强、肌力过度等功能的严重过度。

新术语和概念由此出现。这些术语和概念——冲动、意志力、动力、能量，从本质上说是动态的和活跃的（经典神经学的术语基本上是静态的）。同时在那位记忆大师的心灵中，一种更高层次的动力在起作用——这是一种不断地迅速发展、几乎无法控制的联系和意象的推动，是一种心灵的畸胎瘤，记忆大师称其为"它"。

但是"它"这个词，也称"自动症"，过于机械。"迅速发展"一词可以更好地传达这一病症发展过程中活跃、不安分的特质。我们在记忆大师那里——或者在我那些服用左旋多巴后精力过剩、情绪亢奋的患者身上——发现有一种过度、几乎可怕且极度疯狂的活力——不仅仅是一种过度，更是一种器质性的增殖，一种繁殖；不仅仅是失去平衡，功能紊乱，更是遗传性紊乱。

想象一下，在健忘症或失认症中，只有一种功能或能力受损——但是我们从过度记忆和知觉歪曲的患者病例中可见，记忆和感悟在任何时候都具有内在的活性和动性；这些症状是内在的、潜在的，同时也十分可怕。因此，我们不得不从功能神经学转向行为神经学，也就是生命神经学。这关键的一步是通过功能过度实现的——没有这一步，就无法探索"心灵"。由于其对机械性和缺陷的强调，传统神经学将现实掩藏了起来。这是所有大脑功能的本能——至少是更高功能的本能，如想象、记忆和觉知。传统神经学隐藏了人们的思想。而我们现在要关注的，正是这些鲜活的（通常是高度个人化的）大脑和心灵特质，特别要关注他们在被增强和被照亮的状态下的活动。

功能增强可能会使人表现出充盈、有活力的健康状态，同时也可能带来一些诸如过度、反常、怪诞的不良现象——于是"过度"的问题在《苏醒》中反复出现。病人过度兴奋，倾向崩溃失控；被冲动、形象和意志压倒；被失控的生理机能占有（或剥夺)。

这种危险根植于生命和成长的本质中。成长可能过度,生命可能成为"超生命"。所有的"亢奋"状态都可能演化为可怕的反常的畸变,"过度焦虑"的状态:运动过度演化为运动倒错——异常行为、舞蹈病、抽搐症;知觉歪曲很容易导致认知倒错——病态、高度敏感引发的变态和幻觉;"亢奋"状态的激情可能进一步变得具有攻击性。

有一个悖论:疾病可以以健康的形式表征——给人一种健康幸福的美妙感觉,只有随着时间流逝才逐渐展露其潜在的恶性——这是生命本质的一种幻觉、把戏和嘲讽。这点吸引了许多艺术家,尤其是那些把艺术等同于疾病的人:这一主题在托马斯·曼的作品中反复出现,从酒神、性病患者和浮士德,到《魔山》的发热性肺结核,到《浮士德博士》中的螺旋式灵感,再到他最后一部小说《黑天鹅》中令人欲罢不能的恶性肿瘤。

我一直对这种讽刺很感兴趣,以前也写过类似的文章。在《偏头痛》中,我谈到亢奋可能是偏头痛发作的前兆,或是偏头痛发作的开始。我引用了乔治·艾略特的评论:感觉"健康得危险"通常是偏头痛发作的征兆或预兆。"健康得危险"——这是多么讽刺:它准确地表达了感觉"太好"的双重性和悖论。

自然没有人会抱怨"健康"——人们喜欢它,享受它,根本不会去抱怨。人们只会抱怨感觉病了或不舒服。除非有人像乔治·艾略特那样,通过知识、联想或极致的过度反应,获得一些"错误"或危险的暗示。因此,虽然患者很少抱怨自己感觉"很好"，但如果感觉"太好"，他们还是会产生怀疑。

《苏醒》核心又十分残酷的主题在于：病人患有重病，有最严重的功能缺陷。几十年后，他们突然奇迹般转好，却突然变得比原先更糟，病情变得更危急，痛苦，远远超过"允许"的功能极限。有些病人在这之前已经意识到这一点，有预感，但有些没有。罗丝·R. 在恢复健康后第一次红光满面和欢欣雀跃地说："太妙了，太棒了！"事态随后却加速向失控演化时她说："总会结束的。可怕的事情要发生了。"类似的情形也在伦纳德·L. 的大多数作品中出现，他描写充足到过度这一过程："他恰到好处的健康和充足的精力——他称之为'优雅'——变得过于富足，逐渐奢侈。和谐轻松的掌控感被过分的感觉取代……巨大的过剩，巨大的压力……方方面面，威胁着要瓦解他，要把他撕成碎片。"

过度带来的是恩赐，也是折磨；是快乐，也是痛苦。有一定感知力的病人会觉得很可疑，很矛盾。一名图雷特氏综合征[①]患者说："我的能量实在是太多了。一切都太过明亮，太强大，太多余了。它是一种狂热的能量，一种变态的闪耀。"

危险的健康、变态的闪耀、极度的狂喜在欺骗的外表下是万丈深渊——无论是大自然设定的，迷惑人的心智，让人无法自拔，还是我们自己兴奋上瘾，这便是过度症掩藏的陷阱。

[①] 图雷特氏综合征（Tourette syndrome, TS）又称抽动秽语综合征，于1885年由法国医生图雷特（Gilles de la Tourette, 1857—1905）首次详细描述。

在这种情况下,人类面临的困境非常特别:病人面对的疾病是诱惑,远比传统疾病是痛苦和折磨更模棱两可。绝对没有任何人能幸免于这种古怪的诱惑与侮辱。在过度的紊乱中,可能有一种共谋关系,患者与疾病越来越亲密和认同,以至最终似乎失去了所有作为独立个体的存在,沦为疾病的产物。第 10 篇中风趣的抽搐症患者表达了这种担忧恐惧,他说:"我只有抽搐——没有别的了。"当他想象自己内心的成长时,图雷特氏综合征可能会将他吞噬。他有着强烈的自我意识,图雷特氏综合征也不那么严重,实际上这种情况不会真的发生。但如果患者自我意识薄弱或自卑,病症极其严重的话,这种"占有"或"剥夺"的风险真实存在。《提线木偶》一节将就这点展开讨论。

10
风趣的抽搐症患者

1885年，夏科①的学生吉勒·德拉·图雷特发现了一种综合征，其症状令医学界大为震惊，随后便以他的名字命名为图雷特氏综合征（下简称为图雷特症）。图雷特症患者的症状是神经过度紧张，举止奇怪，产生大量怪异想法，同时伴有抽搐、颤抖、矫揉造作、面部扭曲、大喊大叫、脏话连篇、无意识地模仿、冲动，以及有种古怪的幽默感，还喜欢开莫名其妙的玩笑。在最严重的情况下，图雷特症将会影响到情感、本能和想象的各个方面；在比较轻微时，也就是在多数情况下，可能只会出现不正常的行为或者冲动，但依然会让人觉得奇怪。19世纪末，恰逢神经病学广泛发展，生理学和精神学研究开始合二为一，图雷特症在

---

①让－马丁·夏科（Jean-Martin Charcot, 1825—1893），法国神经学家，现代神经病学的奠基人。

这一时期得到了广泛的认可和报道。图雷特和他的同事深知,这种综合征源于原始冲动和强烈的欲望,同时也具有生理基础——一种非常明确的(却未被发现的)神经紊乱。

图雷特症的论文最初发表的几年,出现了成百上千个病例——任何两个病例都不完全相同。很明显,有些患者的症状比较温和,有些则比较严重,可怕怪诞,甚至暴力。有些患者显然可以"接受"图雷特症,将其吸纳为整体人格的一部分,甚至从变得敏捷的思维、联想和灵感中获益,而另一些患者则被疾病"完全控制",在巨大的压力和混乱中,再也难以找回真正的自我。正如鲁利亚在提到他的一位病人时所记,"它"和"我"之间总有一场战斗。

夏科和他的学生,包括弗洛伊德、巴彬斯奇和图雷特,是最后一批将身体和灵魂、"它"和"我"、神经学和精神病学相结合的神经学家。到了世纪之交,这三种关系开始分离,变成了没有灵魂的神经学和没有身体的心理学,图雷特症的相关研究全都消失了。图雷特症也似乎销声匿迹,20世纪上半叶几乎没有任何报道。一些外科医生认为它是"捏造"的,是图雷特丰富想象力的产物;大多数人从未听说过这一病症,它就像20世纪20年代流行的昏睡病一样,被人们遗忘了。

昏睡病(也叫嗜睡性脑炎)引发的遗忘症与图雷特症有许多共同之处。这两种疾病都是异乎寻常的奇怪——至少超出了一般医学研究者的想象。传统的医学理论无法适用于昏睡病与图雷特症,因此它们被逐渐遗忘,神秘地"消失"了。但在20世纪20

年代，两者的密切关系得以披露。由于昏睡病有时导致运动机能亢进或疯狂，患者往往在昏睡病初期，大脑和身体越来越兴奋，出现各种暴力行为，抽搐，震颤。过了一会儿，他们会突然进入相反状态，陷入恍惚的"睡眠"中——我在40年后才发现这些症状。

1969年，我给这些昏睡病（又称脑炎后综合征）患者服用了左旋多巴，一种递质多巴胺的前体，因为多巴胺在这些患者的大脑中含量极低。服药后，他们的行为发生了改变。首先，他们从麻木状态被"唤醒"到正常状态，然后走向另一个极端——抽搐，发狂。这是我第一次见识到图雷特症：疯狂到极点的兴奋，攻击性极强的冲动，经常伴有一种古怪的幽默感。我开始研究图雷特症，尽管之前从未见过图雷特症患者。

1971年初，《华盛顿邮报》对我关于脑炎后综合征患者的"唤醒"治疗很感兴趣，主动问询患者现在的情况如何。我回答说："他们在抽搐。"随后，他们发表了一篇关于"抽搐"的文章。文章发表后，我收到无数患者的来信，其中大部分都转交给了同事。其中有一个叫雷的病人，我决定亲自去面诊。

见完雷的第二天，我发现纽约闹市区共有三个图雷特症患者。我很困惑，因为据说图雷特症非常罕见，患病概率是百万分之一，但在一个小时内，我却见到了三名患者。我陷入了深深的疑惑：难道是我一直忽视了？没有注意到这些病人，或是粗略地把他们判定为"紧张""崩溃""焦躁"？难道大家都忽略了吗？有没有一种可能，图雷特症并不罕见，而是很常见，比我们之前认为的要常见一千倍呢？第二天，我并未特别观察，就在街上看见另外两名患者。那时，我脑洞大开，想到一个笑话：假设（我暗想）图雷特症很常见，但不容易被发现。可是一旦有人发现，就很容易经常被发现。[1]假设图雷特症患者认识了另一个患者，接着认识了第三个、第四个，通过不断认识，发现了整个图雷特症群体：他们是病理学上的兄弟姐妹，人群中的新物种，相互认识，相互关心，由此相联结。通过这种自发性的聚集，难道不能召集全纽约的图雷特症患者，创立一个协会吗？

3年后的1974年，我的设想成为现实：图雷特氏综合征协会（TSA）成立。当时有50个成员，如今7年后，成员数扩大到了几千名。这一惊人的增长必须归功于图雷特氏综合征协会本身，即便协会成员只有患者、患者家人和医生。协会一直努力，让更多人了解到（最好的说法是"宣传"）图雷特症患者的困境。协会通过不断努力，使社会产生了兴趣和关注，不再对图雷特症患者厌恶或排斥；鼓励了从生理学到社会学各种各样的研究——对图雷特症患者大脑的生物化学研究；关于基因和其他可能共同决定图雷特氏综合征因素的研究；对图雷特氏综合征不正常的发展速度以及不加区分的关联和反应的研究。图雷特氏综合征逐渐发

---

[1] 类似的情况在肌肉萎缩症中也存在。直到19世纪50年代，杜兴才发现了这一症状。1860年，在他公开这一发现之后，人们发现成百上千个病例，数量多到令夏科称："为什么这种疾病如此常见，如此广泛，如此一目了然——无疑一直存在——为什么直到现在才被发现？为什么我们通过杜兴先生，才睁眼看到这一病症的存在？"——作者注

展的原始本能和行为结构开始揭示开来。近年来，出现了对抽搐症状的肢体语言、语法和语言结构的研究；对咒骂和开玩笑的本质区别，也有了意想不到的发现（这也是其他一些神经疾病的特征）；尤为重要的是，出现了研究图雷特症患者与家人和其他人互动的研究，以及这些关系中可能出现的奇怪事件与现象。图雷特氏综合征协会的努力与巨大成功，成为图雷特氏综合征的发展不可分割的一部分，这些成果与进步前所未有：在此之前，从未有患者成功帮助他人，了解图雷特氏综合征，并自我帮助，积极地自我疗愈。

过去十年——很大程度上在 TSA 的支持和鼓动下——学界肯定了吉勒·德拉·图雷特的直觉，证实图雷特氏综合征确实存在器官神经学基础。图雷特氏综合征中的"它"就像帕金森病和舞蹈病中的"它"一样，指的是巴甫洛夫所说的"下皮质的盲目之力"，这是大脑中控制"行动"和"驱动"的原始部分的紊乱。帕金森病只影响运动而不影响行动，紊乱只存在于中脑及其连接部分。舞蹈病指支离破碎的准动作，紊乱存在于基底神经节的高层部位。图雷特症患者情绪兴奋激动，这是一种原始、本能行为层面上的紊乱，干扰似乎存在于"旧大脑"的最高部分：丘脑、下丘脑、边缘系统和杏仁核中。这些部位决定人的基本情感和本能。因此，图雷特氏综合征在病理上和临床上一样，构成了身体和精神之间的一个"缺失环节"，这种缺失在舞蹈病和躁狂症中同样存在。就像罕见的昏睡型多动脑炎患者，以及所有因左旋多巴过度兴奋的脑炎后综合征患者一样，因各种原因（中风、脑肿瘤、中毒或感染）患病的图雷特症患者大脑中似乎都存在过度的兴奋传递素，尤其是多巴胺。嗜睡的帕金森病患者需要大量多巴胺来唤醒；脑炎后综合征患者则需要多巴胺前体左旋多巴"唤醒"；而躁狂症和图雷特症患者必须通过多巴胺拮抗剂，比如氟哌啶醇，来降低多巴胺水平。

图雷特症患者的大脑并不只是多巴胺过量，就像帕金森病患者的大脑并不只是多巴胺缺乏一样，还有更微妙、更为广泛的变化。正如人们觉得紊乱会改变患者的性格：不同患者的古怪程度不同，不同之处也非常细微，而且同一名患者在一天中也会有不同症状。氟哌啶醇也许可以治疗图雷特症，但其实它和其他任何药物都没有真正治疗的效果，就像左旋多巴不能治疗帕金森病一样。要想给纯粹的药用或医疗方法施加补充疗法，新方法必须是一种"存在主义的"方法：尤其需要对行动、艺术和玩乐有较为敏感的理解力。三者的本质是健康和自由，用来阻抗原始的冲动、欲望和折磨患者的"下皮质的盲目之力"。喜欢静止不动的帕金森病患者可以唱歌跳舞，如此一来他便可以完全摆脱帕金森病；当受刺激的图雷特症患者唱歌、表演时，就会从图雷特症中完全解放出来。在这里，"我"征服和战胜了"它"。

从1973年到1977年，在伟大的神经心理学家A.R.鲁利亚去世之前，我有幸同他通信，经常给他寄关于图雷特氏综合征的观察报告和录音带。他在最后一封回信中写道："这的确非常重要。对图雷特氏综合征的任何发现都一定会极大地拓宽我们对人类本性的整体理解……据我所知，还没有其他类似的病症有如此的重要性。"

我第一次见到雷时，他才24岁，每隔几秒钟他就会极端猛烈地抽搐，几乎丧失了行动能力。他从4岁起患病，因此受到严重歧视。但是他智商很高，充满智慧，性格坚韧，脚踏实地，一路成功读到大学，并拥有几个挚友和爱他的妻子。自从大学毕业，他接连被十几家公司开除，无一例外都是因为抽搐，而非能力不足。面对一次又一次的危机，他总是搞砸，因为他总是不耐烦，争强好斗，再加上粗俗而刺眼的"肆无忌惮"。而且他在性兴奋时会无意识脱口而出"妈的""放屁"，如此等等，他的婚姻也出现了危机。他（像许多图雷特症患者一样）有着杰出的音乐天赋，如果他不是一个真正有技巧的周末爵士鼓手，几乎不可能在情感或经济层面上生存下来。他以爆发式的狂野即兴表演而闻名。突然的抽搐和无法控制的击鼓，变成即兴创作狂野而美妙的核心，因此"突然间的发作"变成他明显的一个优势。图雷特氏综合征让他在各种比赛中充满优势，尤其是在他擅长的乒乓球领域。因为他的反应异常迅速，总会即兴发挥，会"非常突然紧张而轻率地击球"（他的原话）。这种行为令人出乎意料，大为惊异，几乎无法解释。他只有在性交后的安静状态中或睡眠中不会抽搐；或者在游泳、唱歌和工作时，他会找寻一种"动感的旋律"，达到均匀而有节奏的状态。在这种状态下，他便不会紧张，不会抽搐，彻底自由。

热情洋溢、爆发极强、滑稽可笑的外表下，他其实是一个非常严肃的人——也是一个绝望的人。他从未听说过TSA（实际上，这个组织在当时还几乎不存在），也没听说过氟哌啶醇。在阅读了《华盛顿邮报》上关于抽搐的文章后，他觉得自己患有图雷特氏综合征。所以听到我确认他患有图雷特氏综合征并需要使用氟哌啶醇时，他很兴奋，同时也很谨慎。在注射氟哌啶醇后，他的身体对氟哌啶醇异常敏感，效果斐然，不到八分之一毫克的量，就让他在接下来的两个小时里几乎不再抽搐。这次试验是个好兆头。他开始定期使用氟哌啶醇，每天三次，每次四分之一毫克。

一周后，他再次来到医院，眼睛黑青，鼻骨断裂，他说道："去你妈的氟哌啶醇。"即使微小的剂量，都能使他失去平衡，速度减慢，失去对时间的把握和迅速的反应。像许多图雷特症患者一样，他很喜欢旋转的东西，尤其是旋转门。他喜欢闪身滑进去再像闪电一般抽身而出。但这一次，受氟哌啶醇的影响，他丧失了这个绝技，错失了时机还撞到了鼻子；抽搐并没有消失，只是频率变慢反而更剧烈了：用他的话说就是"在抽搐的中间被定住了"，之后几乎变成了紧张症（费伦齐曾经把紧张症称为抽搐症的反义词，并建议将其命名为"紧张症"）。他展示，即使是在微小的剂量影响下，患有严重的帕金森病、肌张力异常、紧张症和精神运动"障碍"的患者：反应都不太好，不是麻木或停止抽搐，而是变得过分敏感，病态般敏感，从一个极端走向另一个极端——从图雷特症到紧张症和帕金森病，没有任何愉快的中间状态。

可以理解，他对这次经历和现在正在表达的想法感到沮丧。他说:"你要是让我不再抽搐,我还剩下些什么?我只有抽搐——没有别的了。"他戏谑地说道,似乎除了抽搐已经丧失了自我认同感:他称自己为"百老汇抽搐之王",和别人说话的时候称自己是"风趣幽默,抽搐不止的雷"。他还说自己"抽搐着俏皮和俏皮着抽搐"。他不知道抽搐症到底是一个礼物还是一个诅咒。他说自己无法想象没有图雷特症的生活,也不确定自己是否在乎。

这时,我想起了遇到的一些脑炎后综合征患者,他们对左旋多巴异常敏感。然而,我在他们的病例中观察到,如果病人能过上丰富而充实的生活,那么这种极端的生理敏感性和不稳定性便可以克服:这种"存在主义的"平衡的生活也许可以克服严重的生理失衡。我觉得雷也可以做到,尽管他说,自己并没有不可救药地或过度或自恋地关注自己的疾病。我建议在接下来的三个月里,每周见一次面。在这段时间里,试着想象没有图雷特症的生活;探寻如果没有图雷特症反常的吸引力和注意力,思想和感情上能带来什么,能带来多少东西;研究图雷特症的作用和经济影响力,以及没有这些应该如何生活。我们将用三个月的时间研究以上所有问题,然后再进行另一项氟哌啶醇试验。

接下来是三个月的深入而耐心的探索,其间,他经常遇到很多阻力和怨恨,对自我和生活缺乏信心,各种健康的和人类的潜能逐渐显露:在患有图雷特症的20年中,他不知怎么还保留着一些潜能,隐藏在人格最深处、最坚强的部分中。这种深入探索令人欢欣鼓舞,至少给了我们一些希望。事实超出了所有人的预期,而且并非昙花一现,是持久乃至永久性的转变。当我再次给雷注射氟哌啶醇时，他没有抽搐，也没有明显的不良反应——过去9年都是如此。

氟哌啶醇的效果堪称"奇迹"，但奇迹只会在一定条件下发生。氟哌啶醇最初几乎是一场灾难：从生理角度看无疑是如此；而且任何形式的"治疗"或放弃在当时都是不成熟的，在经济上也不现实。雷从4岁起就患有图雷特症，没有任何正常生活的经验；对疾病严重依赖，并以各种方式利用它，这很正常。他还没有准备好放弃图雷特症，而且（我不由得想到），如果没有这三个月的紧张准备、极其艰苦和集中深入的分析与思考，他是永远也不会做好这个准备的。

总的来说，过去的9年对雷来说是幸福的——是一种超越所有预期的解放。这20年来，他被图雷特症束缚，被痛苦的生理机能驱使，现在的他享受着原本觉得根本不可能的（或者在我们的分析中，只是在理论上可能的）开放和自由。他的婚姻生活温暖而稳定——他现在也当上了父亲；有许多爱他的朋友，他们将他视为正常人——而不仅仅是一个多才多艺，患有抽搐症的小丑；他还在社区有着举足轻重的地位；他在工作中负责尽职。然而仍然有问题存在：这些问题可与图雷特症和氟哌啶醇密不可分。

工作期间，雷在氟哌啶醇作用下保持着"清醒、务实、稳重"——他称之为"氟哌啶醇的自我"。他的行动和判断缓慢而审慎，不再像使用氟哌啶醇前那样急躁冲动，但也因此失去了狂野的即兴创作和灵感。就连他的梦想也发生了变化。"完全是单纯的愿望，"他说，"没有图雷特症下的各种浮华和夸张。"他不再那么犀利，不再那么敏捷，也不再抽搐着俏皮或是俏皮着抽搐。他不再擅长乒乓球或其他运动；不再感到"那种迫切的本能与冲动，那种想要获胜、打败别人的本能"；他不再那么好胜，也不再那么贪玩；从前他让每个人吓一跳的冲动或突如其来的"轻浮"举动不见了。他也不再下流，不再粗俗地肆无忌惮，不再怒气冲冲。但他也逐渐感到自己缺少了一些东西。

最重要的是，他发现服用氟哌啶醇后，面对音乐，他变得"沉闷无聊"、平庸、能干但缺乏活力、热情、动力和愉悦，但这些对他来说至关重要，是自我支持和自我表现的方式。他不再抽搐或不受控制地击鼓，也失去了狂野和涌动的创造力。

他逐渐明白了这种生活方式，并在与我讨论之后，做出了一个重大决定：他将在工作日每天都"严格"服用氟哌啶醇，但在周末不再服用，自由自在地生活。他已经保持这种模式生活了三年。现在有两个雷，一个服用了氟哌啶醇，一个没有服用。从周一到周五，他是清醒的公民，冷静的商议者；周末又变回了"风趣幽默、抽搐不止的雷"，轻浮，狂热，富有灵感。这的确不同寻常，雷也是第一个如此承认的人：

> 图雷特症患者很疯狂，仿佛一直处于醉酒状态。使用氟哌啶醇又会非常无趣，让人过分清醒，而且并不是真正的自由……你们这些"正常人"，在正确的时间，正确的地点，大脑中有正确的发射器，拥有所有的感觉、风格与时间——或严肃或轻浮，只要恰当即可。而

我们图雷特症患者则不然：我们不得不轻浮，服用氟哌啶醇后又不得不严肃。你们是自由的，拥有自然的平衡；而我们则必须充分利用人为方式达到平衡。

尽管患有图雷特症，尽管在服用氟哌啶醇，尽管有种种"不自由"和"人为设计"，尽管被剥夺了大多数人与生俱来的自由权利，雷充分利用了所有的一切，最终拥有了完整的生活。他从疾病中学到了很多，在某种程度上，已经超越了疾病。他会像尼采一样说："我经历了各种健康状态，并且一直在经历中……至于疾病，大家是不是忍不住想问，没有疾病我们是否还能活下去？只有巨大的痛苦才能将精神真正解救。"雷被剥夺了自然、本能的生理健康，却历经沧桑找到了一种新的健康方式与自由，收获了尼采口中"伟大的健康"——罕见的幽默、勇敢、坚韧的品格：尽管他患有图雷特症或正因为他患有图雷特症。

11
爱神佑我

　　娜塔莎·K.是一位聪慧、睿智的老太太。近日,已至耄耋之年的她造访了我们诊所。她说道:"在我88岁生日之后不久,我察觉到'一种变化'。"

　　"我感到无比的高兴!"在我们询问她变化的情况时,她大声回答道,"这种变化让我十分享受。我的精力变得更充沛,感觉活得更加充满活力——好似焕发了第二春!我又开始对年轻的男人产生兴趣,整个人变得,该怎么说呢——元气满满!对,就是这种感觉。"

　　"这有什么问题吗?"

　　"最初我没觉得有什么问题。毕竟我感觉自己状态极佳——又怎么会觉得出问题了呢?"

　　"这么说,后来——"

　　"后来,我的朋友们开始担心了。他们起初也觉得,我只是精神抖擞，切换了一种生活方式。但逐渐地，他们开始觉得事情不太——不太体面了。他们跟我说：'你以前可是很内敛的人，但现在你像个小姑娘似的，四处挑逗，讲些笑话，咯咯地笑——一把年纪的人，做这些事，合适吗？'"

"那你自己怎么看？"

"我的确吓了一跳。我一直这么自然地过来了，也就没有意识到这些问题。但仔细想想，这确实值得怀疑。我可是89岁了啊，这种精神焕发已经持续一年了。我一向是喜怒不形于色，怎么到了这半截身子入土的年纪，反倒突然变得这般亢奋了？没错，就是亢奋——一想到这里，事情就变复杂了。我告诉自己：'你生病了，亲爱的。感觉过于良好，这绝对不正常！'"

"生病？是情感上的，还是精神上的？"

"不，不是情感问题，是生理意义上的生病。是我的身体，大脑出了毛病，让我一直处于亢奋状态。然后，我突然想到的，该死的，一定是爱神病！"

"爱神病？"我重复了一遍，毫无头绪——对这个词我闻所未闻。

"没错，爱神病——也就是梅毒。近70年前，我在萨洛尼卡的一家妓院里染上的，当时很多女孩都有这病，我们称之为爱神病。后来我丈夫救了我，他把我带出了妓院并做了治疗。当然，那时候还没有青霉素。有没有可能是这么多年后，我的病情又复发了？"

从初次感染梅毒到发展成神经梅毒的潜伏期可能相当长。如果感染只是被抑制而没有被根除，则更是如此。我曾经有位病人，他的梅毒是由埃尔利希①亲自使用砷凡纳明治疗的。尽管如此，他在50多年后还是染上了脊髓痨——一种神经梅毒。

但我从没听说过70年潜伏期的病例，也从没见过有哪位病人如此平静而清醒地给自己下达脑梅毒的诊断。

"这是相当令人惊讶的想法，"我稍做思忖之后回答道，"实话说，我是联想不到这种情况的——但您的猜测或许是正确的。"

她的确猜对了。脊髓液测试为阳性，证实了她的确患有神经梅毒，螺旋体刺激着她老化的大脑皮质，让她格外精神。但在治疗上却遇到了难题，这是由K太太自己的想法引起的——"我并不是很想把它治好，"她说，"我当然知道这是一种病，但它让我感觉很好。毫不避讳地说，患病至今我都很享受这种状态。我感觉更有生机，充满活力，甚至比我20岁的时候还要精神，很有意思。但我也知道乐极生悲的道理。疾病也让我产生了一些羞于启齿的想法和冲动，都是些不足为外人道的愚蠢念头。最开始只是微醺的舒适感，但如果再进一步……"说到这里，她扮了个口水横流、抽搐痉挛的痴呆症表情。"总之，我来找你是因为我怀疑自己得了爱神病，我不想让病情恶化，那就太糟糕了——但我也不想把它治好，这对我来说同样难以接受。在发病之前，我可从没活得这般带劲过。你们看看有什么办法，能让我保持现

---

① 保罗·埃尔利希（Paul Ehrlich, 1854—1915），德国免疫学家、血液学家，化学疗法的奠基人。1908年获得诺贝尔生理学或医学奖。

状吗?"

对此,我们做了一番考量,幸运的是,得出的结论很明确——我们给她开了青霉素,能够杀死那些螺旋体,但并不会让脑部的变化恢复原样。由此产生的抑制解除现象也自然保留了下来。

如今 K 太太得偿所愿,既享受着一定程度的思想和冲动的解放,又解除了失去自控或者脑部恶化的风险。她希望能一直如此,容光焕发地活到 100 岁。"很有意思,"她表示,"为此,我得感谢爱神丘比特。"

后记

就在近期（1985年1月），我在另一位病人（米格尔·O.先生）的治疗中遇见了相当类似的荒诞现象。O先生因被认为患了"躁狂症"而被送进州立医院，但很快就被诊断出他处于神经梅毒的亢奋阶段。O先生在波多黎各经营农场，他是个单纯的人，在语言和听觉上都有些障碍，不能很好地用语言描述自己的状况，但他能使用简单和清晰的绘画来进行表达。

我第一次见到他时，他表现得相当兴奋。我让他临摹一个简单的图案（图A），而他却充满热情地画成了精细的三维图形（图B）。按照他的解释，要画的是"打开的纸箱"，随后他还打算在里面画些水果。高度的兴奋感刺激着他的想象力，使他没有照着画那个圆圈和叉，而是将其中"闭合"这一概念提取出来并进一步具象化了。打开的纸箱，装满橘子——这不是比我画的那个简陋的图案要更加真实生动，令人兴奋吗？

11 爱神佑我

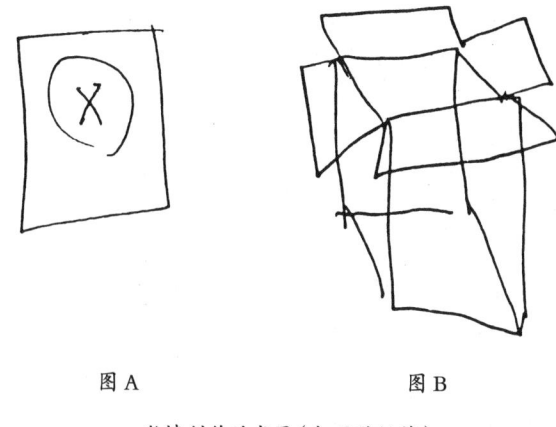

图 A   图 B

激情创作的成果（打开的纸箱）

  几天后，我又见了他一次，他还是非常活跃，思绪如同风筝一般自由飞扬。我让他再画一次那个图案。他充满激情，毫不犹豫地将图画改成梯形和菱形，延伸出一根线，接在一个小男孩手里（图 C）。"放风筝的小男孩，风筝在天上飞！"他兴奋地嚷嚷道。

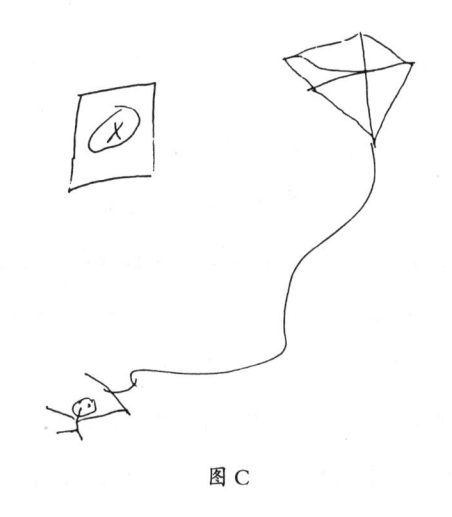

图 C

131

又过了几天，我第三次来看他。这次他情绪低落，像个帕金森病患者（因为医院给他开了氟哌啶醇让他安静下来，等待最终的脊髓液测试）。这次我再让他重画那幅图时，他只是木然地依葫芦画瓢，尺寸画得比原图还要小（服用氟哌啶醇的患者常会把图像画小）。那些艺术加工，活力和想象力的元素全都消失了（图D）。"我已经'看不到'那些东西了，"他说，"曾经它们看上去那么真实，那么鲜活。是不是治好病之后，我看到的东西都会死气沉沉？"

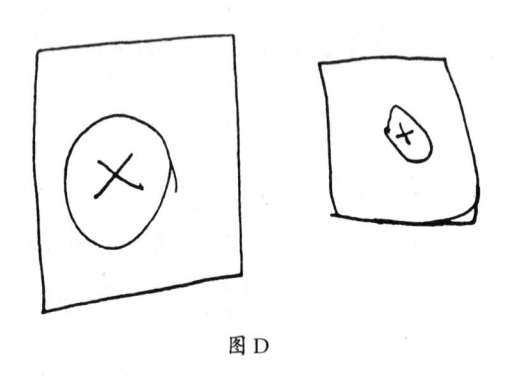

图 D

服药治疗后的作品：想象力和活力都消失了

帕金森病患者在被左旋多巴"激活"前后所创作的画作形成了很有意义的对比。这些患者画的树通常是矮小的，病态的，营养不良的，没有一片叶子，就像冬天里那些光秃秃的树干。但当他们服用左旋多巴后，如同被"唤醒"一般，画的树就会生机勃勃，充满着想象力，也长满了叶片。如果服用左旋多巴后进入亢奋状态，那棵树就会画得枝繁叶茂。他们还会进一步在树上不断延展新的枝叶，用各种精美的花饰装点，直到之后形成一幅巴洛克式的鸿篇巨作，最初的树干形态完全淹没在其中。图雷特症患者的画作也有相似的特征，即最初的构图完全淹没在后期的各种装饰之中。一旦患者的想象力被激活，他们的创作就会越来越兴奋，变得狂乱而不知休止。

这是多么残酷，多么讽刺的悖论啊——生命的内在，丰富的想象力就潜藏在身体之中，但如果不是药物或者疾病的刺激，却可能一辈子都无法释放出来！

这一悖论正是《苏醒》的核心，也是引发图雷特氏综合征的根源（见第10篇和第14篇）。同时它无疑也是可卡因等毒品引发幻觉状态的原因（这些毒品和左旋多巴或图雷特氏综合征一样，会刺激大脑的多巴胺分泌）。弗洛伊德对此有过惊人的论述："可卡因所产生的那种快乐和喜悦……与健康的正常人感受到的快感别无二致……换言之，你会觉得自己是正常的，甚至太过正常，以至于不用多久，你就很难相信自己受到了毒品的影响。"

对大脑的电击刺激也适用这种悖论：有一些癫痫感是极具刺激性和成瘾性的——那些喜欢这种感觉的人会反复让自己陷入那种状态（被植入了电极的老鼠会禁不住地去反复刺激脑部的快感中枢）；但同时也有一些癫痫感会带来安逸与幸福感，哪怕疾病是诱因，产生的幸福感却是真实的。这种悖论式的幸福感甚至可能是长期的，比如O'C太太令人费解的癫痫性"记忆重现"症状（见第15篇）。

我们处在一种怪圈之中，在这里所有的常识都可能发生反转——疾病可能带来舒适感，而正常反而带来病态的体验；兴奋和冲动可能是一种枷锁,亦可能是一种解放;清醒的世界未必就是现实,酩酊大醉之中反倒充满实感。或许,我们都生活在爱神和酒神的神国之中。

12
身份碎片

"今天要点什么?"他搓着手问道,"来半磅弗吉尼亚火腿?或者,来一条美味的诺瓦香肠?"

(很显然,他把我当成了顾客——他常常拿起病房里的电话,自报家门是"汤普森熟食店"。)

"哎呀,汤普森先生!"我向他嚷嚷,"你这是把我当成谁了?"

"上帝啊,光线太暗,我把你当成顾客了。这不是我的老朋友汤姆·皮特金斯吗……咱俩啊(他转头对一旁的护士低语道)过去经常一起去看比赛的。"

"汤普森先生,你又弄错了。"

"确实如此,"他毫不犹豫地附和道,没有表现出一丁点的难堪,"汤姆可不会穿这种白大褂。你是海米,隔壁犹太肉铺的屠宰师。不过今天你的外套上没有血渍啊,怎么了,生意不好?没事的,到了周末可就有你忙的了。"

这一大堆稀奇古怪的头衔弄得我一阵晕眩,我只得指了指脖子上的听诊器。

"听诊器!"他立刻开始咆哮道,"你这家伙居然还冒充海米!你们这些修理工,一个个都装成医生的样子。你这白大褂和听诊器是怎么回事?你要给汽车听心跳吗?我现在知道了,你是前面那个街区加油站的曼纳斯!我们也是老朋友了,你这是来做什么呀,取你订的熏肠?"

说着,威廉·汤普森先生又搓起了手,重新变回了那个熟食店掌柜的样子,一边开始寻找柜台。自然没有找到,他带着奇怪的神情望向我。

"我在哪儿?"他像是突然被吓了一跳。"我还以为,我在我的店里呢。医生,我刚才肯定是在神游天外了……需要我脱掉衬衫,像过去一样听诊吗?"

"不必和过去一样,我不是平常给你看病的那位医生。"

"你当然不是,我一眼就看出来了!通常给我听心跳的那位医生,上帝做证,可没有你这样的胡子!你长得有点像西格蒙德·弗洛伊德——我是不是有点发疯了?"

"不,汤普森先生,你没有发疯。只是你的记忆出了点问题,这让你难以回忆和辨认他人。"

"我的记忆确实经常和我恶作剧,"他承认道,"有时候我犯错误,认错人……我们说到哪儿了,你要弗吉尼亚火腿还是诺瓦香肠?"

这样滑稽的对话每次都会发生，内容有时稍有不同，就像即兴表演一般，会迅速结束，有时候荒诞可笑，有时候精彩绝伦，但无论如何，最终都会让人叹惋。5分钟之内，汤普森先生就能把我认成——当然是误认成——一打不同的人。他在各种想法和猜测之间来回打转，切换流畅，其间不会表现出一点不确定——他其实从来都不知道我是谁，甚至也不知道自己是谁，自己在哪里。过去他是一位杂货店员，现在则因为罹患严重的科尔萨科夫综合征住进了精神病院。

他只有几秒钟的记忆，始终处在彷徨之中。失忆的梦魇始终笼罩着他，但他会用形形色色的妄想和杜撰，将那些记忆碎片串联在一起。对他本人而言，那些并不是谵言妄语，而是他对这个世界片刻的所见与理解。这些话语天马行空，毫无逻辑，让人无从理解。凭借呼吸一般自然的编纂能力，他将所有诡谲错乱的片段缝合成一个能自圆其说的虚拟世界——天方夜谭般的光怪陆离，万花筒似的千变万化。世界中的人、事、物，都像梦幻泡影转瞬即逝。但在汤普森先生本人眼中，这就是正常、稳定、真实的世界，绝非一念之间的空想神思，也没有丝毫不对劲的地方。

曾有一次，旅行中的汤普森先生在宾馆前台以"牧师威廉·汤普森"登记入住，并叫了一辆出租车出门去了。后来我们采访了那位出租车司机，他表示自己从未载过比他更有魅力的乘客。汤普森先生在车上说得天花乱坠，奇幻的冒险故事一个接着一个。"他好像走遍了世界各地，做过各种各样的事，也见过很多大人物。我简直不敢相信，短短的一生中能有这么多经历。""他未必真的经历了这么多,"我们告诉他,"但玄妙得很,那些又都是他身份的碎片。"①

我已经详细描述过另一位科尔萨科夫综合征患者吉米·G.先生的状况(见第2篇),这位先生的病情已经稳定下来,似乎是进入了一种永久的迷失状态(或者说,过去就像梦境一般不断在他的意识中闪回)。但汤普森先生出院仅仅三周后,他的病情就又爆发了,这次他发了高烧,胡言乱语,连家人都认不出来了,他就此陷入了疯狂的呓语中(有时这病也被称为科尔萨科夫精神病,尽管它压根不属于精神病)。他不断创造着新的世界和身份,以取代不断遗忘消亡的旧世界和旧自我。这种狂气能够激发他杜撰和想象的才能,让他变成一个真正的天才空想家——因为这种病人必须每时每刻通过编故事来塑造自我和世界。每个人都拥有自己的人生故事,其内心想法、情节与感受编织了我们的生命。可以说,每个人所构建的生活经历,就是我们的身份。

在去了解一个人时,我们会问:"他最真实的、内心的故事是什么样的?"每个人的本质都是一本传记,一个故事。每个人的经历都独一无二,通过我们的感知、情绪、思考和行动,在我们的内心中,在我们的交流谈吐中,永不间断,无意识地进行构建。从生物与生理学上看,人与人之间并无太大差异;但从历史

---

① 鲁利亚的《记忆神经心理学》(1976年)中也记载了一个高度类似的故事。也是一位出租车司机,被乘客的夸夸其谈弄得晕头转向。最后,乘客打算将手中的体温表当车费付给他时,司机才意识到,这位现实中的山鲁佐德(《天方夜谭》的叙述者)是精神病人。——作者注

的角度看，就人生经历来说，没有两片雪花是相同的。

成为自己的前提是我们必须有自己——拥有（如果需要反复地拥有）我们的生命故事。我们必须"回忆"我们自己，回忆内心的戏剧，关于自己的叙述。人必须有这样的叙述，一个连续的内在的叙述，才能维持身份，维持自我。

这或许能解释，为何汤普森先生会不厌其烦地讲述他那些冗长的故事。他被疾病剥夺了连续性，因人生经历的割裂而陷入疯狂——结果是他不断地编故事，虚谈妄议，谎话连篇。不再拥有连续的真实经历的他无法维持真实的内心世界，他被迫在空想的世界中寻求虚假的连续性，追逐那并不存在的流光幻影。

对于汤普森先生而言，世界是什么样的呢？在他人眼里，他像个喜剧演员般热情洋溢，他的言行充满喜剧效果，甚至可以当成喜剧小说的情节[1]。但在喜剧的外表之下，隐藏着恐怖的阴影。某种意义上说，他已经是一个陷入绝望疯狂的人。他的世界不断崩坏，消亡，失去了意义——而他则以一种绝望的方式，去寻

---

[1] 确有这样的喜剧小说问世，在本书第2篇《迷失的水手》发表后不久，一位年轻的作家戴维·吉尔曼寄来了他的手稿《剪短发的男孩》。该书的主人公是像汤普森先生那样的健忘症患者，他放肆地、毫无拘束地不断创造新的身份和自我，有时是心血来潮，有时则是病情驱使——剧情展示了健忘症天才超绝的想象力，行文也颇有乔伊斯式的饱满风格。我并不清楚这本书后来是否出版了，但我能断定它值得一读。我一直忍不住去想，或许吉尔曼先生在生活中遇见（或研究过）汤普森先生那样的人。我同样会想，博尔赫斯笔下的富内斯与鲁利亚的记忆专家惊人地相似，是否表明作者在生活中实际遇上过这样的异人呢？——作者注

找，创造，空想人生的意义，在无意义的万丈深渊上建造意义的桥梁。而在此期间，混乱的呓语始终回荡在他的耳畔。

但汤普森先生自己是否有所察觉？最初，人们认为他是个诙谐有趣、能创造很多乐子的人。但逐渐地，人们会因他的一些特质而感到不安乃至害怕。"他从不停止，"人们表示，"他就像是在参加比赛，努力去抓住什么不断躲闪着他的事物。"的确，他无法停下脚步，因为人生经历的裂口永远无法愈合，而他只能不断尝试着修补下去。而用以修复的补丁，无论多么光鲜亮丽，都是于事无补的——因为它们终究只是空想，是假象，与现实泾渭分明，更遑论弥补现实的疮口。汤普森先生是否注意到了这一点呢？他的"现实感"究竟是什么样的？作为一个沉溺在空想世界的人，他挣扎着试图自救，但又总是淹没在假象和幻境里——这样的痛苦是否时刻折磨着他？可以确定的是他并非无忧无虑——他的表情总是紧绷着，仿佛内心的压力令他紧张不已；他的眼神中也会露出坦率的毫不遮掩的困窘，但这种情况只是偶尔出现，又或者是他巧妙地隐藏了这种不安。为了生活，他被迫披上了假象的护甲：外表来看或许金碧辉煌，光彩照人；但本质上，它只是毫无深度的幻影和谵妄。这件甲胄在拯救了他的同时，也化为了他永恒的桎梏。

正是那神秘的、多维的、深不可测的内心深度，界定了人的身份与现实。而汤普森先生丝毫没有察觉，自己已然失去了这种深度（因为这样的感觉都已离他而去了）。所有与他有所接触的人都能感受到——在他滔滔不绝的谵言中，始终流露出奇异的丧失感——他丧失了对真实与非真实的判断力，对正确与非正确的感受力（不能说这是"谎言"，只能说是"非正确"），事情的重要性和相关性，他也完全没有概念。最后，他只是带着那种诡谲的冷漠感，不断杜撰无穷无尽的话语……至于他说了什么，别人说了或做了什么，内容全都无所谓了——万事万物都毫无意义。

此前发生过的一件事，可以作为直观的例子：某天下午，大家都聚在一起，而汤普森先生一如既往，喋喋不休地嘟囔着他虚构的那些故事。突然，他说道："我的弟弟鲍勃来了，他刚从窗户边过去。"说这句话时，他的情绪和语调毫无变化，一如他说那些谵语之时，带着表面热情但内在平静冰冷的腔调。一分钟后，一个男人从门口探出头来。"我叫鲍勃，是他的弟弟，"他自我介绍道，"我想，他刚才应该看见我从窗边经过了。"这令我目瞪口呆。我从未预料到，汤普森先生用那种一成不变的口吻编出的虚拟世界中，竟会存有真实的一角。他的弟弟是真实存在的，这种感觉就好像一个幽灵突然从故事书中走了出来。从汤普森先生的状态判断，他根本没有把他的弟弟作为"真实的存在"来看，他没有表现出任何情绪的波动，更没有从空想的泥沼中挣脱的迹象。在讲完后，他就立刻忘却，抛弃了他的弟弟，和他抛弃所有其他谵言时一样毫不犹豫。这和吉米·G.先生与他兄长那令人感动的重逢（见第2篇）完全不同，那时候的 G 先生并没有迷失。而可怜的鲍勃则是局促不安，不停地说着"我是鲍勃，不是罗勃，也不是多勃"。但汤普森先生对此置若罔闻。在他的那些谵语中，会偶尔流出真实的亲情碎块，可能是割裂的记忆还有所参与，或是亲人的出现勾起了他的回忆——他又提到了他的兄长乔治，但使用的还是一贯的现在式陈述。

"可乔治19年前就去世了！"鲍勃吓得不轻。

"啊，乔治，他总是那么风趣！"威廉打趣道。显然，他对于鲍勃的评论毫不关心，仍然用他那兴奋但又死气沉沉的腔调说着乔治的事情。他对真相，对现实，对礼仪，对一切都漠不关心。连站在他面前、表现得痛苦不已的亲弟弟，他也视而不见。

正是这件事让我确信了，威廉已经完全失去了内心的经历，失去了感情和价值判断，失去了灵魂——我曾向修女们问过吉米的病情，而现在我又一次问起威廉："你们觉得威廉的身上还有灵魂吗？还是说，疾病抽走了他的神髓，剜去了他的灵魂，把他变成了空壳，一具行尸走肉？"

这次我的问题却引起了焦虑，她们似乎也有所察觉，却无法说"去看看教堂里的吉米吧，然后再自行判断"这种话来回应我——因为汤普森先生在教堂里也是满口胡言乱语。吉米·G.先生身上散发着透彻的悲伤情绪和迷失感，但在汤普森先生身上却感受不出类似的情感，表面上他总是兴高采烈的。在吉米身上能感受到情绪，尽管那是一种满怀沉思与渴望的悲哀，但尚能映照出他的深度与灵魂，而汤普森先生则缺失了这种深度。如修女们所说，从神学的视角来看，他无疑是有灵魂的，被全能的神所注视，所垂爱；但确实有什么令人焦虑的东西正在滋生，侵蚀着他的灵魂，他的个性，和作为一个凡人的常识——这一点，修女们无人反对。

吉米只是"迷失"了，他尚且能够被寻回，被补救，哪怕是只能在真正的情感联系中维持片刻的清醒。吉米处在一种安静的绝望中（这是克尔凯郭尔提出的概念），他有被救赎的可能，仍存有与现实接触的节点。他虽然已经丧失了对现实的情感和意义的感知能力，但他还在努力辨认，仍有对现实的渴望。

而威廉的情况——他外表风度翩翩，说着无止境的笑话来代替真实世界（若客观上认为这是为了掩盖绝望，至少他主观上是没有感到绝望的），但在他喋喋不休的谵语中，透出的是对亲情和现实的冷漠——他可能无法得到救赎了。他所有的空想，构筑的幻象，对意义的病态追寻，都化作了他找回真正意义的旅途中无法逾越的障碍。

这又形成了悖论：正是为了不断地跨越健忘症的永恒深渊，威廉才会把他的虚谈症天赋发挥得淋漓尽致，但这种天赋同时也变成了加诸其身的诅咒。我们觉得，如果他能安静一会儿，把他那些妄想的碎碎念暂停片刻，稍稍放弃用空想构筑自我欺瞒的表象——或许正是这样，现实才能开始渗入：真实的、深邃的、正确的感受才能触及他的灵魂。

记忆本身并不是他终极的、"存在主义的"灾难（哪怕他的记忆已经完全崩坏了）；也并非记忆的缺损让他发生了如此巨大的变化。他真正欠缺的是对于情感的感知能力——他的灵魂丧失也是因此而起的。

这种冷漠被鲁利亚称为"同化"，有时候被视为病症的本源，导致所有的世界与自我崩坏的罪魁祸首。我认为，这种疾病给治疗学提出了严峻挑战，让鲁利亚为之着魔。他的研究一次又一次回归到这个主题上：比如在《记忆神经心理学》中，它与科尔萨科夫综合征和记忆相关；但更常见的是与额叶综合征的联系，如在《人脑与心理过程》中，详细记叙了几位患者的病史，这些病人的高度相似性，使其冲击力堪与《破碎的世界》相媲美，甚至有过之而无不及，因为这些病人完全没有意识到自己的状况，他们都不自知地失去了自己的世界。他们或许没有觉得受苦，却是被上帝遗弃的人。札兹斯基（《破碎的世界》中的人物）被打造成一位斗士形象，他总能够（甚至是满怀激情地）察觉自己的处境，与"不断纠缠的诅咒"顽强斗争，尝试让受损的大脑恢复功能。但威廉的状况比札兹斯基糟糕多了（有点像鲁利亚的一位额叶综合征患者，下一篇会提到），他甚至无法感知诅咒的存在，因为他的毛病不只是大脑的功能性障碍，而是发生在更加根本的地方——他的灵魂与自我毁坏了。从这个层面上说，威廉比吉米"迷失"得更加彻底：哪怕他表现得更加精神，但很难从他身上感到人性的残留。而吉米虽然大部分时候都处于断片的状态，但尚能感受到他作为人存在着。至少对吉米而言，仍有可能让他与真实世界重建连接——而对于这类疾病的治疗，能够"连接"上就谢天谢地，别无他求了。

我们所有试图让威廉重新"连接"现实世界的尝试都以失败告终，甚至他的虚谈症状还因为压力而有所恶化。但当我们放弃努力，由他随心所欲时，他会在医院周围静谧而自由的花园里闲逛，在那里，他反而恢复了平静。他人的出现会惊扰到他，刺激他进入那种喋喋不休的疯癫状态，陷入一种身份制造和追寻的真正的迷狂中。在一片由植物组成的幽静花园中，没有社会或他人的压力迫使他陷入身份谵妄，他的症状就会舒缓下来。这样的环境让他重拾难得的宁静和满足感，通过与大自然无言的交流（而不受种种人类身份与关系的制约），他又恢复了对世界的感知，重新建立起与真实的连接。

13
世界与我无关

B太太曾是一位化学研究员。后来,她突然性格大变,变得诙谐幽默(总喜欢讲些笑话,玩文字游戏),且性情冲动,甚至有些"肤浅"。她的朋友如此描述:"你会觉得她根本不在乎别人,或者说,她根本什么都不在乎了。"最初,人们以为她得了轻度狂躁症,但检查结果表明她脑中长了肿瘤。医生给她做穿颅手术时还发现,这不是预想中的脑膜瘤,而是一块巨大的癌变组织,一直延伸到了双眼额叶处。

我见到她时,她情绪振奋,举止轻浮——护士们称呼她为"喜剧演员",因为她总能出口成章,表现得聪慧风趣。

"好的,神父。"有一次她这么回应我。

"好的,修女。"第二次她换了称呼。

"好的,医生。"这又改了说法。

对她来说,这些称呼似乎都是可以互换使用的。

"我究竟是什么人?"这种现象持续一段时间后,我略带惊讶地向她发问。

"看着你的脸和胡子,我会想到修道院里的神父。"她回答道,"而白大褂让我想到修女。你脖子上的听诊器让我想到医生。"

"你会从整体的视角看我吗?"

"不,我才不会这么做。"

"你觉得神父、修女和医生之间没有差别?"

"我当然知道有差别,但对我来说,这毫无意义。是神父、修女,还是医生——又有什么关系?"

在此之后,她会戏谑地使用组合式的称谓:"好的,神父修女。好的,修女医生。"有时,她还会用一些其他的组合。

对她的左右辨识测试进展不佳,因为她对于分辨左右毫不上心(虽然测试结果表明,她并不会混淆这对概念,也就是说,她的感知和注意力并没有偏侧性缺陷)。当我想让她集中于测试时,她就会说:"左还是右,右还是左,为什么要费劲去区分它们?这又有什么差别?"

"没有差别吗?"我问她。

"差别是有的,从定义上说,它们是镜像体的两面。"她以科学家的严谨口吻回答道,"但在我看来这毫无意义,都是一样的。不管是手,还是医生,还是修女……"见我面露困惑,她补充道:"你还没理解吗?它们之间的差异毫无意义。所有的东西都毫无意义,至少对我来说是这样的。"

"那……这种毫无意义……"我迟疑着不敢开口,"你不会感到困扰吗？这种'毫无意义'对你来说……也是毫无意义的？"

"对，毫无意义。"她毫不迟疑地回答，脸上带着笑容，语气有些戏谑，仿佛是在争论中取胜了，或者赢下了一场牌局。

这是在掩饰吗？她会不会觉得太过难以忍受，以至于佯装勇敢，故意做出一副无所谓的样子？但她的面部表情完全体现不出这些。她对情感和意义的判断一片混乱，甚至不再区分真实与非真实。所有的东西都变得"等价"了——世界的价值在顷刻间崩塌，化成了笑话般无意义的存在。

这件事令我十分震惊，她的朋友和家人也诧异不已，但她自己——虽然也察觉到了这种情况，却置若罔闻，无动于衷，甚至对此冷眼相待。

B太太尽管很睿智，但她已不太像个正常人了——她的灵魂被剥离出去了。这让我想到威廉·汤普森和P博士的病例。鲁利亚的"同化"现象说的就是这样的症状，在上一篇中我们对此有所提及，下一篇中还会继续讲述。

后记

B太太表现出的滑稽冷漠的"同化"症状并不罕见，德国神经学家们称之为"玩笑症"，一个世纪以前，休林斯·杰克逊就将其定性为精神分裂的基本症状之一。这种病症并不罕见，但大多数患者是不自知的——或许称得上幸运的是，随着分裂的加深，有自觉的患者也会逐渐麻木。类似症状的病人我每年都能见到不少，但他们的发病原因却千奇百怪。时常在开始阶段，我是无法判断患者是因为"生性幽默"而四向打趣，还是真的出现了精神分裂。我在行医笔记中偶然发现了下面的记录，这是一位我在1981年诊断过的大脑多发性硬化症患者（很可惜我无法对她的病情追踪观察）：

> 她说话非常快，性格冲动，且(表现得)非常冷漠……无论大事小事，真真假假，严肃的事还是玩笑话，都从她嘴里一股脑地倒出来，似乎是完全没有经过话题的筛选，也毫不在乎自己话语的真实性……她能在几秒钟里推翻自己先前所说的话……她会说自己喜欢音乐，又马上改口说不喜欢；说她屁股上受伤了，又立马说没受伤……

我以一种极为不确定的口吻写下了观察结论：

其中有多少是隐性虚谈症？有多少是前额叶损伤造成的冷漠同化？有多少是精神分裂和精神崩坏？

在诸多精神分裂症之中，"傻乐病"——即"青春期痴呆"，是和器质性遗忘症与额叶综合征最为近似的。它们是最严重的精神问题，无从想象病人患病后的精神状态，因为至今没有任何患者从这种疾病中康复，来将他的体验传述给他人。

精神病的症状中，"喜剧性"尤为独特——通常，患者的世界撕裂了，崩塌了，只剩一片无序的混沌，他们才会表现出这样的状态。他们的思绪中不再有"中心"，哪怕智力仍然健全。这种状态最终会演化成一种难以理解的"痴愚"，思想因为失去重心而浮于表面，支离破碎。鲁利亚曾将这种状态简化为"纯粹的布朗运动"。可以看出，鲁利亚对这种症状感受到了明确的恐惧（尽管这并没有阻止他将其记录下来，反使得他的描述更加精准）。我也能体会此中可怕。首先让我联想到的是博尔赫斯笔下富内斯的那句名言："我的记忆啊，先生，它就像堆起的垃圾山。"我还想到了《愚人志》[①]中描绘的场景，世界被纯粹的愚昧所淹没，走向终点：

[①] 英国著名诗人亚历山大·蒲柏（Alexander Pope, 1688—1744）的长篇讽刺诗。

伟大的混乱,亲手放下帷幕吧!
无垠的黑暗,将埋葬世间万物。

14
提线木偶

在第 10 篇中,我描述的是一种相对轻度的图雷特症,但当时我也暗示了,此类重症病人会表现得"极度怪诞与暴虐"。在我看来,有些患者能够凭借宽广仁厚的人格将图雷特症的影响消解掉,但也有患者会被病症所支配,其真实身份会被湮没在"图雷特症冲动"引发的重压和混乱之中。

图雷特医生本人和很多老一辈临床医生都见证过一种致命性的图雷特症。该病症会导致人格分裂,引发极为诡谲的症状,如幻觉、哑剧式的或表演式的"精神病"或疯狂。这种被称为"超级图雷特症"的情况极为少见,发病率只有普通图雷特氏综合征的五十分之一,但所引发的精神错乱却更为严重,甚至达到了质变的程度。这种"图雷特氏精神病",这种奇特的身份错乱却与普通精神病大相径庭,因为它具有独特的生理学和现象学本质。话虽如此,它与服用左旋多巴引起的亢奋性精神病,以及科尔萨科夫综合征（见第12篇）的呓语症状都有病理学上的联系。和这两种病症一样，图雷特症也能将病人近乎压垮。

雷先生是我的第一位图雷特症患者。与他接触才一天，我就觉得眼界大开。之前也说过，我在纽约的大街上撞见过至少三名图雷特症患者——他们的症状都与雷先生近似，有的表现得比他还要浮夸。但从雷先生的各种小动作中，我才算是见识到了图雷特氏综合征最严重的症状：那不只是动作上的抽搐，而是认知、想象力、情绪，乃至整个人格层面上的痉挛。

那些图雷特症患者在大街上所表现的所有症状，在雷先生身上都能看到。那种状态是语言不足以形容的，必须亲眼见到才能有所体会。病房和诊所不总是观察病情的最佳地点——至少，不适用于器质性精神疾病。因为此类疾病的症状多为极端的冲动、模仿、表演、反应和互动，而病房、诊所与实验室的设计都意在或多或少地限制这些行为。这些场所更适合解决固定任务或标准性测试，比如进行系统的科学性的神经病学研究。而开放性的自然神经病学观测，则要求在患者毫不自觉，能够肆意放纵所有的刺激与冲动，且对自己正被观测一无所知的状态下进行。要实现这种目的，还有什么比纽约的街头更适合的地方呢？在大城市的无名街道上，这些病人能够恣意浸没在精神的冲动中，极力地展现骇人的自由，或者疾病状态下的束缚。

有不少神经病学研究的前辈都是"街头神经病学"的拥趸。

最出名的莫过于詹姆斯·帕金森[①]，大名鼎鼎的"帕金森病"就是通过他的记述而为人所知。最后，跟查尔斯·狄更斯一样，他时常漫步于伦敦街头，狄更斯去世40年后，帕金森描述了以他的名字命名的疾病，他对帕金森病的研究正是在拥挤的伦敦街道，而不是在办公室里完成的。临床观察的模式确实不适合帕金森病：只有在开放的、能够与周边环境进行复杂交互的场景中，其症状才能被完整观察和理解（乔纳森·米勒的电影《伊凡》对此进行了完美的展现）。对帕金森病的研究必须置于真实的世界当中，对图雷特症的观察更是如此。梅热与法因德尔的巨作《抽搐症》（1901年）的序言部分《抽搐症的秘密》里就有对巴黎街头一位滑稽地模仿他人的抽搐症患者精彩的细致描写。诗人里尔克也在他的作品《马尔特手记》中简述了巴黎街头一位抽搐症患者的做作行为。真正让我对图雷特症的了解有了革命性突破的，也不是在办公室给雷先生做的检查，而是次日我在大街上见到的景象，那一幕是如此震撼人心，直至今日它依然鲜明生动地刻在我的记忆中。

吸引我注意力的是一位60多岁的灰发女子，她显然是正处于冲动爆发的阶段，症状奇特，以至于我起初并不清楚发生了什

[①] 詹姆斯·帕金森（James Parkinson, 1755—1824），英国内科医生和卫生改革家。他最著名的贡献是在1817年发表了一篇论文，描述了一种神经退行性疾病，亦称"震颤麻痹"。此病常见于中老年人群，主要表现为静止性震颤、运动缓慢、肌强直、姿势平衡障碍等。帕金森病后来也以他的名字命名。

么——她在发脾气吗？是什么引发了她的痉挛？在她咬着牙，抽搐着走过时，又是在什么样的共情心或感染力作用下，路过的人们也跟着痉挛了起来呢？

走近之后，我才看清了状况：并非路人被她的痉挛所传染，而是她在模仿路人的动作——事实上，"模仿"这个词用来形容这一情形，实在太过苍白。应当说，她将路人的动作以一种讽刺漫画的风格重新展现了出来。只在一个照面之间，她已将他们复制在了自己身上。

哑剧、模仿秀、小丑和滑稽秀我看过许多，但没有一个能与当时这场恐怖的演出媲美：对每一个路人的表情与动作，几乎是瞬时完成的、不假思索的、痉挛的镜像反射——不是简单的模仿，仿佛本身就该如此。这个女人的模仿不流于表面，而是深层次的拟态。她捕捉了那些动作与表情的特点，并加以嘲弄式的夸张。这种夸张仍然是痉挛式的，而非有意为之——是她所有的动作疯狂加速和扭曲的结果。一个缓慢的微笑会扭曲成狰狞的鬼脸，一个完整的动作被加速成滑稽的抽搐。

走过短短一个街区，这名疯癫的老妇人就模仿了四五十位路人的行动，全都是以那种讽刺诡谲的表演形式，如万花筒般变幻之迅速，对单个行人的模仿只在一两秒，甚至更短的片刻里就完成了——整场令人目眩神迷的模仿秀，从头到尾不过短短两分钟。

这通模仿还引发了接二连三的连锁反应：路人不解于她的怪异行径，纷纷对她露出疑惑乃至愤怒的表情；而这些表情被这位图雷特症患者所捕捉，并再度以更加错乱和扭曲的形式反馈回去，又引发了新的愤怒和恐慌。这种连锁反应形成了诡异的共鸣，把所有人无一例外地吸入纠缠的漩涡中，以荒唐的形式进行互动。我在远处看到的，正是这样的骚乱。在这一刻，那位老妇人将过路者一网打尽，她变成了所有人；但与此同时，她的自我也消失了，变成了不存在的人——她变得千人千面，集无数人格于一身，落入身份的狂潮中，她的感受会是什么样的？答案很快就来了——就在数秒后，在场的所有人所积累的压力在顶峰处爆炸开来，老妇人突然从大街上逃开，跑入一条小道，面带绝望的表情。这时，她表现得就像一个重病之人，方才在两分钟内捕捉到的所有身份，他们的动作、姿势、表情都在一息之间喷涌而出——通过极速的重放，她在十秒之内变换了五十个身份，平均每个身份不超过五分之一秒或者更少。

后来，我花了上百个小时与图雷特症患者交谈，观察并记录他们的反应，试图从他们身上研究出些什么。但没有任何一段经历比得上纽约街头那魔幻的两分钟，它如此深刻和震撼人心——从那段短促的模仿秀中，我得以窥得图雷特症的一角。

那一刻我忽然意识到，超级图雷特症患者的生活，无疑是种独一无二的存在形式。当然，他们的怪癖是器质性的，并非本人之过。这与"超级科尔萨科夫症"有相似之处，二者都会导致谵妄和身份混乱，但它们的根源和治疗方式都完全不同。科尔萨科夫症患者是相对幸运的，因为他们对自己的状态并不自知，而图雷特症患者却饱受清醒的折磨，讽刺的是，他们无力，或许也不愿从疯狂中脱身。

从病因上看,科尔萨科夫症患者因健忘症而陷入身份缺失的狂乱中,而图雷特症患者则因为无法节制的冲动而发狂。他们既是冲动的创造者,也是其受害者,他们只能抑制冲动,却无法完全将其消解。因此,同科尔萨科夫症患者不同,图雷特症患者与疾病间的关系是模糊的:他们或支配病情,或被病情支配,又或与疾病共舞——时敌时友,暧昧不清。

图雷特症患者欠缺正常抑制机制的保护,无法像常人一般清晰界定自己的身份,终其一生,他们的自我都千疮百孔。他们被来自体内外的各种冲动包围,有些冲动是器质性的、痉挛性的,也有些是个体性的(更准确地说,是伪个体性的)、充满诱惑力的。人的自我要如何经受住这种无止境的轰炸?人的身份还能幸存吗?面对如此重压,身份还能发展吗?还是说,会被冲动所支配,形成一颗"图雷特氏灵魂"(这是我后来的一位患者提出的表述,可谓一针见血)?图雷特症患者的灵魂不仅要承受生理学上的压力,其存在本身都是一种拷问,甚至上升到了神学的领域。无论患者选择苦守灵魂的完整,还是任由冲动淹没自我,剥夺灵性,这种压力都会如影随形。

休谟曾写道:

> 我敢断言……"自我"不过是不同感受的集合,它们以不可思议的速度此消彼长,如河流永恒地向前奔涌。

因此，在休谟看来，"个人身份"本就是个虚构的概念——我们并不存在，只是感觉或是认知的连续体。

对正常人而言，这种观点显然是荒谬的，因为人能够支配自己的认知。我们的感受也不是奔涌之水，恒定的自我意识约束了感觉的逸散。但休谟所描述的不稳定感觉流或许恰好契合了超级图雷特症患者的状态——他们的生活从某种程度上，就是由一连串随机、离散而缺乏逻辑的感知与行动构成的幻影。这么看来，这些患者都是"休谟式的人"。这是一种哲学上，甚至神学上的命定——一旦冲动压倒了自我，命运便只能任凭宰割。这与弗洛伊德对命运的看法有相似之处，二者均认为，自我会被冲动支配——其差别在于弗洛伊德肯定命运意义的存在（尽管是悲剧性的），而休谟则认为命运荒唐而毫无意义。

因此，超级图雷特症患者一生都处在他人无法想象的战斗之中——仅仅是为了生存，为了稳定作为人的身份，并如此生活下去，他们必须时刻与冲动抗衡。可能从很小的时候开始，他们就面临着这样的冲动，而在化身为真正的人的道路上，还有无数困难与阻碍。但令人难以置信的是，大部分患者都能够披荆斩棘——求生的欲望，作为独一无二的人来生活的意志，显然是人类最强大的精神力量。它们强于任何冲动，任何疾病。健康，这位英勇的战士，往往能笑到最后。

第三部分 • **时光穿梭**

导言

虽然我们对"功能"这个定义大加批判,甚至曾试图从根本上对其重新定义,最终我们还是依附于它,还引入了"缺失"和"过度"这一组对立的术语。但很明显,我们还需要完全不同的术语。当我们关注一些现象,比如经验、思维与行动的本质特征时,我们就必须引入一些更具诗情画意的术语了。不然,像梦境这样的现象,从功能的角度如何能解释得通呢?

我们有两种话语的领域,一种处理的是数量与结构形式问题,另一种则与各种构成"世界"的要素相关。我们姑且将其命名为"物质"与"现象"——或者你也可以使用你喜欢的表述。每个人都拥有独特的精神世界、心路历程和内心风景。对于大部分人而言,这些都不需要与神经学扯上关系。比如你可以讲述别人的人生故事,谈及他走过的路和生活的场景,而不必在此过程中上升到生理学或神经学的高度;如果你这么做了,虽然没到荒谬或侮辱性的程度,至少也是多此一举。原因在于,我们认为自己是"自由"的——至少,人生应当构建在复杂的人性与道德思考的基础上,而不是取决于神经功能或系统里的变化。这种认知通常是正确的,但万事总有例外——有时候一个人的生命历程会被器官的紊乱割裂,因此改变,在这种情况下,谈论他们的人生则必须引入生理学或神经学理论。而本书中所述的所有病例,自然都属于这种情况。

本书前两部分中收录的病例大多都有明确的病理学特征,他们身上存在神经功能上的"缺陷"或是"过度"。医生自不必说,家属乃至病人本人迟早都能察觉到,他们在生理上出毛病了。他们的内心世界,他们的性情,或许会被改变,被变形,但有一点无可辩驳:这是由于他们的神经功能发生了严重的变化(通常是量变)。而在第三部分中,我们关注的重点是记忆重现、认知变化、想象和"梦境"。神经学和医学研究鲜少涉及这些现象。这种"记忆闪回"通常是尤为剧烈的,能够击穿人的情感和意义防线。它们一般被视为一种心理现象,或被认为是梦境的一种,属于无意识或前意识的活动(神秘主义则称之为"精神现象"),这样一来,似乎就与医学和神经学毫无干系了。它们普遍具有内在的戏剧化的、叙事化的、个人化的感觉,因而人们不会将其与"病征"联系起来。人们遭遇"记忆闪回"时,会自然地求助心理医生或者告解神父,而不会去找医生看病,最终它们被归结为精神失常,或者作为宗教的启示传播下去。我们不曾有将幻觉作为"疾病"看待的意识,如果怀疑或者发现它们与器质性问题有关,可能还会觉得幻觉的价值被"贬损"了(当然,事实并非如此——病因价值和评估与病因学没有任何关系)。

本部分中介绍的"记忆闪回"案例多少与器质性因素有关(虽然起初并不明显,在仔细观察后才显现出来)。当然,这不会减少其在心理学上或精神上的意义。既然陀思妥耶夫斯基能在癫痫发作时一窥上帝——或者也可称其为"永恒秩序"——的本质，那么其他的器质性病症没理由不能成为通往彼岸与未知的"入口"。从某种意义上说，本部分的研究就是围绕这些"入口"展开的。

1880年，休林斯·杰克逊使用了一个概括性的词语"记忆重现"来描述癫痫类病症中的这种"闪回""入口"或者"梦境状态"。他写道：

> 如果没有其他症状，我是决意不肯仅凭阵发的"记忆重现"来确诊癫痫的。当然，如果这种亢奋的精神状态以不寻常的高频出现，我会合理地怀疑病人是否患上了癫痫……但至少我从未见过仅因为"记忆重现"就来向我咨询的人……

但对我来说并非如此：曾有病人因为无法控制的或阵发性的记忆重现找上门来。病情各种各样：有幻听的，幻视的，或者在特定场景中产生记忆再现的。病症也不尽相同：不仅有癫痫，也有很多其他类型的器质性疾病。这种记忆闪回与记忆重现在偏头痛症中也很常见（见第20篇《幻象中的天堂之城》）。《魂归故里》（第17篇）则是由于癫痫或者中毒而产生"回到过去"的感觉的病例。《情不自禁的怀旧》（第16篇）中的病例以及《皮肤下的狗狗》（第18篇）中的诡异的嗅觉过敏症，则完全是由化学品中毒导致的。《谋杀》(第19篇)中的那种可怕的记忆重现是由癫痫发作或前额叶去抑制引发的。

本部分的研究主题是,想象力和记忆在大脑颞叶和边缘系统受到非正常刺激时,会引发意识的"记忆闪回"。从中我们得以一窥产生幻觉与梦境的大脑机制,看看大脑(谢灵顿称之为"魔法织布机")是如何编织出一块魔毯,载我们遨游于记忆之中的。

15
记忆重现

　　住在老年之家的 O'C 太太有点耳背,但身体状况还不错。1979 年 1 月的某天晚上,她做了一个关于故乡的梦,回到了在爱尔兰度过的童年时光。怀旧的梦境栩栩如生,尤其是伴着舞步唱的歌谣,在她转醒后还在耳边清晰而嘹亮地萦绕。"我一定是还在做梦。"起初她是这么想的,但发现事实并非如此。她迷迷糊糊地从床上坐起,时值半夜。是有人忘记关收音机了?可为什么只有她一人被吵醒呢?她检查了每一台收音机,确认了它们都是好好关着的。接着她又想到,听说补牙用的材料有时候会像晶体收音机那样,收到一些特殊频段的广播。"想必是这样了,"她想,"我的某颗填充牙在作祟,不会持续太久的,明天一早就没事了。"她对值夜班的护士说了情况,护士却没看出她的牙有什么毛病。就在这时,O'C 太太猛然意识到:"哪有电台会在大半夜大声地播放爱尔兰歌曲?没有介绍,没有乐评,就光放歌?而且还恰好只放我知道的歌,别的什么都不放?"她问自己:"这个'电台'不会在我的脑子里吧?"

这时候她才彻底慌乱起来——而那音乐还在震耳欲聋地播放着。她将最后的希望寄托在她一直在看的耳鼻喉科医生身上——他一定会告诉她,这不过是些耳鸣,和她的耳背有关系,让她放宽心,不会有事的。可第二天早上,这个想法也破碎了——"O'C太太,我觉得你的耳朵没问题,"医生告诉她,"如果只是些轻微的噪声或蜂鸣,那或许是耳鸣造成的。但一场爱尔兰音乐会?你该去看看精神科医生。"就在当天,O'C太太又去看了精神科医生,可是后者也没给她带来好消息:"O'C太太,这不是神经病的症状,你没有疯——疯子是听不到音乐的,他们只能听到'声音'。你需要去看神经科医生,去找我的同事——萨克斯医生吧。"就这样,O'C太太来到了我的诊所。

和她的交流绝非易事,这当然有O'C太太耳背的原因,但更主要的是,高亢的音乐常常盖过了我的说话声,以至于她只能在轻柔的段落才能听见我说了什么。从外表上看,O'C太太精神矍铄,没有丝毫思维涣散或者疯狂的迹象,只是她的表情有些恍惚,如同沉浸在自己的世界里。我没查出她的神经系统有什么毛病,尽管如此,我仍怀疑那音乐确实和神经系统有关。

O'C太太究竟经历了什么事,才变成了现在的状况?她88岁了,身体依然健康,也不见发烧的症状。她神思敏捷,也没服用过任何可能导致精神错乱的药物。而且看得出来,就在前一天她还是好好的。

"医生，你觉得是中风吗？"她问道，似乎在解读我的想法。

"有可能，"我回答道，"但我从没见过这样的中风。肯定有什么事情发生了，但我觉得应该不太危险。别太担忧，坚持住。"

"你无法感同身受，说实话，坚持住可不容易，"她说，"我知道这屋子现在很安静，我却置身于声音的海洋中。"

我本想立刻为她做脑电图检查，重点观测大脑中与"音乐"相关的颞叶部分，但发生了各种情况，将此事拖延了。而在此期间，那音乐声逐渐变小了，也不再接连不停地循环。三天之后，她就能够重新睡着了，并且也能在"歌曲"播放的间隔中与他人清楚交谈了。当我来给她做脑电图时，她只是偶尔会听到音乐的片段，一天中也就十来次。我们让她躺好，贴好电极，告诉她不要说话，也不要主动回想那些音乐的事情，只需在它们响起时举起右手的食指——这个动作并不会影响到脑电图的检测。检查持续了两个小时，中间她只竖起了三次手指，每次她示意时，脑电图笔都会发出一阵声响，记录下颞叶部分有强烈的波动。结果证明，她确实患有颞叶癫痫。这种病最初由休林斯·杰克逊提出猜想，后来由怀尔德·潘菲尔德[1]证明。"记忆重现"和体验性幻觉等症状多半与颞叶癫痫有关。但 O'C 太太为何会突发这种症状？我又为她做了脑部扫描，发现在她的右颞叶上确实有一块小型血栓或阻塞物。显然是中风激活了大脑皮质中的音乐记忆，让爱尔

---

[1] 怀尔德·格雷夫斯·潘菲尔德（Wilder Graves Penfield, 1891—1976），加拿大神经外科医生、神经生理学家。

兰乐曲在那天晚上开始播放起来。只需将血栓清除掉,那些歌声便会被一并擦除了。

到4月中旬,那些音乐完全不再响起,O'C太太得以重回正常生活。我询问了她那时的感受,尤其是她是否会怀念那些不时响起的歌曲。"这是个有趣的问题,"她微笑着回答道,"总的来说,音乐不响了对我是一种解脱。不过,我确实有些怀念那些老歌。现在很多老歌我根本回想不起来了,那段经历就像是梦回失落的童年。而且,有些老歌真的非常好听。"

有些服用了左旋多巴的病人也表达过类似的感慨,我称之为"情不自禁的怀旧"。O'C太太所讲述的那种明显的怀旧情绪,让我想起了赫伯特·乔治·威尔斯[1]那篇颇为辛酸的故事《墙中门》。我将这个故事告诉了O'C太太,她认同了其中的相似性:"的确,完全就是那样的情绪,那样的感觉。但我的门,我的墙,都是真实存在的,它们将我带回了那个忘却许久的过去。"

相似的病例直到去年6月才出现,那时候我接待的病人是O'M太太,她和O'C太太住在同一家老年中心。和O'C太太很像,O'M太太也是80多岁,有些耳背,但身体和精神都很不错。她也是听到了脑中的音乐,有时候也会听到"有人在说话",而且那些声音"似乎从远处传来"且是"好几个人在交谈",相当嘈杂以至于她听不清具体说了什么。这些症状已经持续四年了,她

---

[1] 赫伯特·乔治·威尔斯(Herbert George Wells, 1866—1946),英国著名作家,代表作有《时间机器》《隐形人》《世界大战》等,其作品多次被改编为电影、电视剧。

没告诉过任何人,一直暗暗担忧自己是不是疯了。在从修女处得知,前不久老年之家出现过相似的病例后,她如释重负,也能够和我开诚布公地谈论病情了。

O'M 太太回忆,那一天她正在厨房切萝卜,突然脑中就开始放起了《复活节进行曲》,之后又响起了《光荣,光荣,哈利路亚》和《晚安,亲爱的耶稣》。和 O'C 太太一样,她起初认为是收音机的声音,但她很快就发现所有的收音机都是关着的。这事发生在 1979 年,距今已有四年之久。O'C 太太的症状几周后就好转了,但 O'M 太太脑中的音乐不仅没有停止,还变得愈发严重。

最开始,她听到的只有那三首歌——它们有时是毫无征兆地突然响起,但如果她的思绪恰好飘到了某一首上,则歌声会即刻到来。因此,她曾试图不去想它们——但刻意不去想某件事,结果常常是事与愿违的。

"它们是你喜欢的曲子吗?"我从精神病学的角度询问道,"又或者,它们对你有什么特殊意义?"

"不。"她回答得斩钉截铁,"我并没有多么喜欢它们,也不觉得它们有什么特殊意义。"

"它们在你的脑内循环的时候,你的感觉如何?"

"我开始讨厌它们了,"她恨恨地说,"就好像有个疯子邻居,每天都放同一张唱片。"

随后一年多内,情况都没什么变化,只有这三首歌在脑中阴魂不散。过了一段时间,音乐的种类变得丰富多样了——虽然病

15 记忆重现

情严重了，但对 O'M 太太来说也是一种解脱。之后，她能听到无数歌曲——有时候会有数首同时播放，有时候是乐团的合奏或唱诗班的齐声，偶尔也会有说话声，或是一些喧嚣的杂音。

当初我给 O'M 太太做检查时，发现她除了听力上的障碍，并没有什么异常之处。但有趣之处在于，她患上的是某种常见的内耳失聪症，但她同时还难以辨认各种曲调——神经学家称之为失歌症。这种疾病与大脑听觉叶（颞叶）功能受损联系紧密。按照 O'M 太太的说法，最近她开始分辨不出教堂圣歌的音调和旋律了，只能依靠歌词来区分。[1]她过去曾是位优秀的歌唱家，但在我的测试中，她却表现得唱功平平，有时还会跑调。她也提到，脑内的音乐在她刚醒来时最为清晰；但在其他想法涌入脑中时，清晰度就会大打折扣；如果她全身心投入某件事，情感，思维，尤其是视觉都高度集中时，则歌声几乎不会出现。在一个多小时的检查中，她只听到过一次音乐——那是《复活节进行曲》的几个小节，声音非常响亮，以至于她几乎听不见我的说话声。

O'M 太太的脑电图结果显示，她两片颞叶上的电压与应激性惊人地高——颞叶正是大脑中负责声音与音乐播放的重要部位，它们也与复杂的经验和场景再现有所联系。每当她"听到"什么的时候，高压波会剧烈地上下波动，呈现出尖锐的波状图。这证

---

[1] 我的另一位病人埃米莉·D.女士也出现了类似的症状（失歌症）（见第9篇《总统的演讲》）。——作者注

实了我的想法——她也患有音乐性癫痫,与颞叶病变脱不开干系。

可是 O'C 太太与 O'M 太太究竟出了什么毛病?"音乐性癫痫"这个名字听上去有些自相矛盾——谈及音乐,我们会觉得它们充满情感和意义,会与我们内心深处产生共鸣——用托马斯·曼的话说,存在着"音乐背后的世界"。而癫痫与这些都格格不入——它是一种原始的、随机性的生理学症状,完全不具有选择性,也与感情和意义毫无瓜葛。因此"音乐性癫痫"和"个性癫痫"等名词听上去都是自相矛盾的。但仅限颞叶病变时,这类癫痫确实可能发生——它们是大脑"记忆重现"功能区发生的癫痫。一个世纪以前,休林斯·杰克逊就在"梦境状态""记忆重现"和"肢体癫痫"的语境下描述过此类症状:

> 癫痫症患者在发病初期进入模糊但极端复杂的精神状态,这并不罕见……这种精神状态,所谓智力预兆,都是大体相同,或本质相同的。

半个世纪后,怀尔德·潘菲尔德在他杰出的研究中证实了这种现象。在此之前,人们都以为这不过是种逸闻。潘菲尔德在手术中,用轻度的电压刺激清醒患者的大脑皮质,确定了颞叶癫痫的发作点位,甚至能够通过精确刺激主动引发这种"体验性幻觉"。患者在受到刺激后,会产生对曲调、人物或场景的清晰幻觉,哪怕身处平平无奇的手术室中,他们也能仿佛亲历般地向医护人员进行栩栩如生的描述。这证明了杰克逊医生在 60 年前的描述并无谬误:他称之为"双重意识"状态。

> 这是一种意识的双重叠加状态:一边是宛如梦境状态的"准寄生态"意识,一边是正常意识的残留……二者构成了精神上的复视现象。

这与两位患者的表现一致:对O'M太太来说,《复活节进行曲》的梦境状态是极端嘈杂的,而《晚安,亲爱的耶稣》的梦境则相对温和但意义更加深刻(过去她曾在31街区的教堂做礼拜,在九日祈祷后那里总会唱这首歌),无论在哪一种梦境中,尽管有点吃力,她都还能听见我的声音,看见我的样子;O'C太太也是如此,她的爱尔兰童年式的梦境也不会影响她与我的交谈:"萨克斯医生,我知道你就在旁边,我也知道我只是个住在老年之家的中风老太太,但我感觉我又回到了爱尔兰的童年,触摸着母亲的手臂,在听她唱歌。"按照潘菲尔德的说法,这些癫痫引发的梦境从来都不是幻想,而是真实的记忆——这些记忆,伴随着那些经历引起的感情,以最为准确和最为清晰的形式在脑中闪回。普通的回忆在详细程度上是绝无可能与"记忆重现"相媲美的,在大脑皮质受到刺激时,这种奇异而连贯的记忆闪回恍若身临其境。潘菲尔德认为,大脑中保存着完整的人生记录,每分每秒的意识流动都被精确保存着,且在特定的情况下能够被唤醒——可能是被生活中的某些普通需求,也可能是在癫痫发作或者电击刺激的特殊情况下。但这种记忆和场景的重现花样繁多

且随机荒诞,以至于潘菲尔德认为它们是毫无意义的:

> 手术清晰地表明,激发的体验性反应不过是在患者漫长过往的意识流中截取随机片段,让它重现出来……这个片段可能是一段听音乐的经历,在舞厅门口往里看的经历,看漫画书时想象抢劫场景的经历,从一段生动梦境中醒来的经历,与朋友欢畅聊天的经历,听小儿子说话确认他安全的经历,盯着荧光路牌的经历,在助产室躺着等待分娩的经历,被陌生男人恐吓的恐怖经历,看着人们穿着沾雪的大衣躲进室内的经历……也可能是旅行的经历,站在印第安纳州南本德市雅各布街与华盛顿街的街角……可能是童年的回忆,在某天晚上看着马戏团的花车……可能是母亲的回忆,她催促着客人们散场……又或者,回想起听见父母在唱圣诞颂歌。

我真希望自己能完整援引潘菲尔德作品中的精彩片段。它们就像我那些爱尔兰女士一样,给人一种"个性生理学"或是"自我生理学"的神奇感觉。潘菲尔德对音乐性癫痫的频繁发作印象深刻,在书中他列出了许多令人印象深刻的有趣例子,占到了他研究的500多例颞叶癫痫症患者的3%:

15 记忆重现

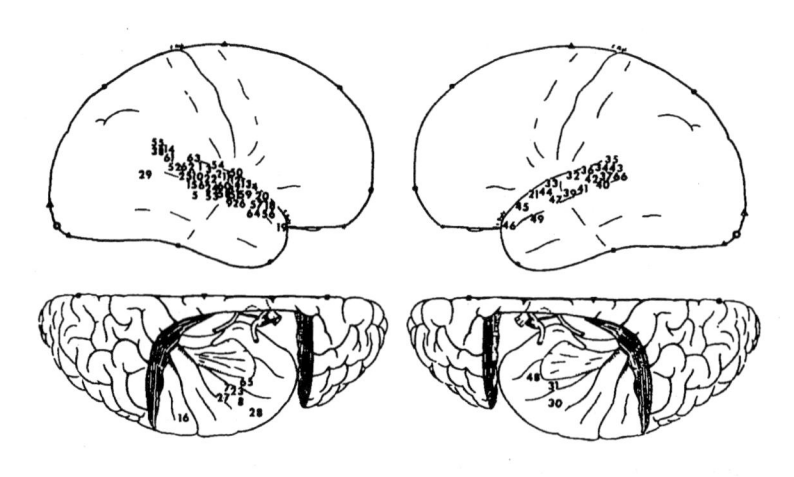

电击刺激导致音乐性体验反应的记录：

1.单调声音（14）；病例28。2.多种声音（14）；3.单调声音（15）；4.单调声音，熟悉（17）；5.单调声音，熟悉（21）；6.单调声音（23）；7.单调声音（24）；8.单调声音（25）；9.单调声音（28）；病例29。10.音乐，熟悉（15）；11.单调声音（16）；12.单调声音，熟悉（17）；13.单调声音，熟悉（18）；14.音乐，熟悉（19）；15.多种声音（23）；16.多种声音（27）；17.音乐，熟悉（14）；18.音乐，熟悉（27）；19.音乐，熟悉（24）；20.音乐，熟悉（25）；病例30。21.音乐，熟悉（23）；病例31。22.音乐，熟悉（16）；病例32。23.音乐，熟悉（23）；病例5。24.音乐，熟悉（Y）；25.脚步声（1）；病例6。26.单调声音，熟悉（14）；27.多种声音（22）；病例8。28.音乐（15）；病例9。29.多种声音（14）；病例36。30.单调声音，熟悉（16）；病例35。31.单调声音（16a）；病例23。32.单调声音（26）；33.多种声音（25）；34.多种声音（27）；35.单调声音（28）；36.单调声音（33）；病例12。37.音乐（12）；病例11。38.单调声音（17d）；病例24。39.单调声音，熟悉（14）；40.单调声音，熟悉（15）；41.狗叫声（17）；42.音乐（18）；43.单调声音（20）；病例13。44.单调声音，熟悉（11）；45.单调声音（12）；46.单调声音，熟悉（13）；47.单调声音，熟悉（14）；48.音乐，熟悉（15）；49.单调声音（16）；50.多种声音（2）；51.多种声音（2）；52.多种声音（5）；53.多种声音（6）；54.多种声音（10）；55.多种声音（11）；病例15。56.单调声音，熟悉（15）；57.单调声音，熟悉（16）；58.单调声音，熟悉（22）；病例16。59.音乐（10）；病例17。60.单调声音，熟悉（30）；61.单调声音，熟悉（31）；62.单调声音，熟悉（32）；病例3。63.音乐，熟悉（8）；64.音乐，熟悉（10）；65.音乐，熟悉（D2）；病例10。66.多种声音（11）；病例7

电击刺激导致患者听见音乐的频率高得令我们惊讶。在共计11个病例身上,有17个点位的电击会产生音乐声(见上页图)。这些音乐有时是管弦乐,有时是歌曲,有时是钢琴声或者唱诗班合唱,还有几次据说是电台的主题歌……导致音乐产生的部位是高处的颞回部位,分布在脑侧表面或上部表面(这块区域正是音乐性癫痫的发病区)。

潘菲尔德列举了一系列戏剧性(常常是喜剧性)的例子进行证实。以下内容摘自他了不起的最后的论文:

《白色圣诞节》(病例4)。唱诗班合唱。

《一起摇滚》(病例5)。患者本人并没有辨认出这首歌,但手术室的护士在患者受到电击的哼哼声中辨认出了。

《安静睡吧,小宝贝》(病例6)。患者认为这是母亲唱过的歌,又觉得可能是电台主题曲。

《他曾听过的电台金曲》(病例10)。

《哦,玛丽啊》(病例30)。电台主题曲。

《牧师的圣战》(病例31)。患者的一张唱片《哈利路亚大合唱》中刻录了这首歌。

《父母合唱圣诞颂歌》(病例32)。

《青年男女小调》(病例37)。

《她的电台金曲》(病例45)。

《我将经过》和《你永远不会知道》(病例46)。患者常在电台听到这首歌。

和O'M太太的情况一致,在潘菲尔德的所有病例中,患者听到的音乐都是确定不变的。那些相同的曲调会一遍遍重播,这在自然的癫痫发作和电击刺激时都是一样的。可以说,这些曲子不仅是电台热歌,在幻觉发作时也颇为流行,堪称"大脑皮质十大流行金曲"。

我们必然会产生这样的疑问:是否有什么原因致使患者在幻觉发作时"选择"了这些特定的曲子(或场景)呢?潘菲尔德对这个问题的答案是,这些选择并不基于特殊的理由,也就是随机且无意义的:

> 尽管无法完全否认这样的可能性,但我依然很难相信,在癫痫发作或电击刺激时迸发出的记忆碎片或歌曲片段会对患者而言有任何情感上的意义。

这种选择"完全是随机的,除非能够证明大脑皮质在其中发挥了作用"——潘菲尔德的结论如此。这种说法和态度,颇有生理学学者的风范。也许潘菲尔德是对的,但他是否也会有所漏算?患者是否"真的清醒"认识到了歌曲背后的情感意义,认识到了托马斯·曼口中的那个"音乐背后的世界"?仅凭"这首曲子对你来说有什么特殊意义吗"这样一个浅薄的问题,就能得出答案吗?"自由联想"的研究告诉我们,有些思想或许在表面上看起来琐碎随机,但可能内蕴着出人意料的深层意义。显然,潘菲尔德的研究没有深入到这种层次，其他的生理心理学研究也大抵不会做到这一步。这种深度分析的必要性尚无定论——但机会难得，若是碰上了阵发性的场景与歌曲混杂出现的罕见病例，那我们至少应该尝试研究一番。

我又去找 O'M 太太闲聊一番，试图解析她选取的"歌曲"与她的情感之间是否有所关联。这个答案与治疗无关，但我觉得值得一试。我发现了一件重要的事：尽管她并不认为自己对这三首曲子有什么特殊的情感寄托，但她回忆起，早在幻觉发作之前，她时常无意识地哼唱它们——这一点也从别人口中得到了证实。这表明，这些曲子可能早已被无意识地"选择"了，而此后，这种"选择"又被器质性的病变所挟持。

它们还是她最喜欢的曲子吗？现在对她来说，它们还有什么意义吗？从这些幻觉性的音乐中，她收获了什么吗？在我为 O'M 太太看诊一个月后，《纽约时报》上刊登了一名中国神经病学家 Dajue Wang 医生的文章，标题为"肖斯塔科维奇有秘密吗？"。文章中指出，肖斯塔科维奇的大脑中有一块金属片，那是一块能够活动的弹壳碎片，就位于他左脑室的颞角上。显然，肖斯塔科维奇极不愿意将之取出：

> 照他所说，自从那块碎片进了脑子，他只需偏偏头就能听到音乐。他的脑中充满了美妙的旋律——每次播出的音乐都不一样——这使他在作曲时才思奔涌。

这篇文章还称，X射线检查显示，在肖斯塔科维奇转动脑袋时，那块弹片也会跟着晃动，抵在他的"音乐"颞叶上，播放出无数优美的旋律，而他则充分发挥音乐家的才华，利用它们作曲。对这篇文章，《音乐与大脑》（1977年）的编者R. A.亨森博士表现出了"深刻但不绝对的怀疑"，用他的话说："我不敢说这绝无可能。"

总之，在读完这篇文章后，我把它拿给O'M太太看了，她的反应强烈，态度明确。"我不是肖斯塔科维奇，"她说，"我可没办法'使用'我那些歌曲。无论如何，我对它们已经厌烦透顶了——它们永远是那些陈词滥调。对肖斯塔科维奇而言，音乐幻觉可能是上天的礼物，但对我来说，它们就是一种麻烦。他或许不想治好，但我非常想摆脱掉。"

让O'M太太服下抗惊厥药物后，她的音乐性癫痫立刻停止了。最近我又见到了她，询问她是否怀念那些歌曲。"绝无此事，"她回答道，"没了它们，我的日子好过多了。"但如我们所见，O'C太太的情况就恰恰相反——她的幻觉更加复杂，更加神秘，也更加深刻——即使它们源于随机，其结果也引发了很大的心理学意义。

对O'C太太而言，她的癫痫症从一开始就有不同的意义，这种意义不仅是生理学上的，"个性"特征和影响上也是如此。在前72个小时里，她几乎处于连续不断的发病状态下，她的颞叶中风持续性地发作，将她完全压倒在其中。况且，这也具有某种生理学依据（中风突然性地发作，影响波及颞叶之下，对深层的感情中枢，如爪型突、杏仁核、边缘系统等产生干扰），中风引发无法抑制的情感波动和（高度怀旧的）幻觉场景——情不自禁地觉得仿佛回到了童年，回到了被长久遗忘的故乡，回到了母亲的臂弯里。

此类中风的发作可能同时受到生理学原因和个性化因素的影响——病变发生在大脑之中特定的部位，但同样需要特定的精神状态和需求来触发。丹尼斯·威廉姆斯（1956年）描述过类似的病例：

> 患者编号2770，31岁，在身处一群陌生人中时癫痫发作。初始症状为产生视觉记忆，看见父母坐在家中，并产生了"回家真好"的感觉。患者本人将其描述为"非常愉快的一段回忆"。但发作时，他会起鸡皮疙瘩，时冷时热，并伴有痉挛症状。

威廉姆斯的描述十分直率，破坏了这个令人震惊的故事的连贯性。他将这种情感降格为纯粹的生理状况——称之为"不适宜的猝发性快感"。他完全忽视了"好像回到了家"和孤独感之间可能存在的联系。当然，他有可能是对的，或许这本身就是生理状况，并不存在情感联系。但我不禁会觉得，如果癫痫发作是必然现象，那么至少这位编号2770的患者，是在正确的时间，以正确的方式发作了。

而对于O'C太太这个病例来说，她的怀旧情结更加浓厚，也更加合理——在她出生前，她的父亲就去世了，不满5岁的时候，母亲也去世了。她成了孤儿，孑然一身，后来被送到美国，监护人是她的姨妈——一位严厉的单身妇女。O'C太太几乎记不得5岁前的事了，她对母亲，对爱尔兰，对"家乡"都没什么印象。这种缺失，或者说忘却，一直带给她强烈的伤感，毕竟这是她一生中最早最珍贵的记忆。她曾尝试回忆起那些失落的童年记忆，但总以失败告终。而这次，在疾病引发的"梦境状态"下，她终于将那份记忆重拾起来。她的癫痫并不仅仅属于"猝发性快感"的范畴，而是一种深刻而沉痛的悲喜交加。用她自己的话说，这就像推开了一扇门———扇在她一生中都始终紧闭的门扉。

埃斯特·萨拉曼在她那部讨论"本能记忆"的杰作（《瞬间集》，1970年）中曾涉及保存或重拾"珍贵的童年记忆"的必要性，并声称没有它们，生命会是多么贫瘠，多么空虚。她也写到，记忆的失而复得可能会带来怎样的现实感和深沉的喜悦。她引用了大量精彩的自传来佐证这一点，其中就有陀思妥耶夫斯基和普鲁斯特的。"我们都被过去所放逐，"她写道，"因此我们必须重拾那份记忆。"O'C太太已经90高龄，她漫长而孤独的人生道路已走近了终点，但就在此时，那段"珍贵的童年记忆"却冲破了闭锁的门扉，回到了她的身边，仿佛奇迹一般——但这种奇迹却是由大脑病变引发的，不得不说是一种悖论。

病症发作让O'M太太疲惫厌烦，却让O'C太太精神振奋。幻觉让O'C太太收获了心理上的踏实感和现实感，弥补了她缺失的记忆片段，让她找回了家和童年，找回了母爱。O'M太太需要治疗，但O'C太太却拒绝服用抗惊厥药物。"我需要这些记忆，"她说,"我需要这种感觉……反正,它们也会自己结束的。"

陀思妥耶夫斯基也经历过癫痫发作时那种"复杂的精神状态",他曾说过:

> 我们这些癫痫患者在发作前数秒所体验的快感,是你们这些健康的人无法想象的……这种幸福感确切持续多久,几秒钟,几小时,还是几个月,我并不清楚,但请相信,哪怕是用一生的喜悦与之交换,我也是决不乐意的。

O'C 太太想必会有同感。在癫痫发作时,她也会感到无比幸福。对她而言,病症反而是健全和健康的极点——如同一把钥匙,开启通向完璧的门扉。因此,她将自己的疾病当作健康,当作治疗。

在中风逐渐康复后,O'C 太太却经历了一段惶惶不安的日子。"那扇门正在关闭,"她说,"我的记忆又将离我而去。"的确,4月中旬,那份癫痫引发的幻觉结束了,重拾的童年景象,那些音乐和感情,来无影也去无踪。这无疑是真正的"记忆重现",正如潘菲尔德定论的那样,癫痫发作重现了现实记忆——一段经验性的事实,而不是幻想:那是人生长河中,一块真实的碎片。

但潘菲尔德在提及这个问题时,总会使用"意识"的概念——癫痫发作和痉挛性的重放都是攫取了意识流的片段,提取了意识的现实。O'C 太太病例的感人之处在于,她的"记忆重现"

抓取的是无意识的东西，这一点尤为重要——她的童年经历，要么被忘却了，要么被压制在意识深层——而痉挛又将它们恢复成鲜活的记忆景象。由此我们可以认为，尽管从生理学的角度看，那扇"门"被锁死了，但经验本身却不会被忘记，而是会作为深刻印象的形式被记录下来，并可以被重新感知——这种感知对本人而言，是如同治愈一般的重要体验。"我很高兴癫痫发作了，"病情好转后，O'C 太太说道，"那是我一生最健康最快乐的日子。我再也不会感到童年记忆的缺失了。现在我已经不记得那些细节，但我知道，它们就在我记忆的深处，并没有遗失。这种人生的完整感，于我而言是前所未有的。"

这些话语情感真挚，充满勇气，绝非空谈。O'C 太太的中风确实给她的生活带来了"转变"，为离散的生活状态寻得了中心，让她找回了失落的童年——此前，她从未感受过这种平静，而此后，它将伴随她走完余生。这种终极的平静，灵魂的安全感，唯有那些拥有或回想起真正过去的幸运儿，才能享受。

后记

休林斯·杰克逊声称:"从未见过仅因为'记忆重现'就来向我咨询的人。"而弗洛伊德的想法恰恰相反:"神经症的本质就是'记忆重现'。"显然,二人使用"记忆重现"这个词,表达的却不是同一个意思——有人认为,精神分析的意义就在于用真实的记忆取代"记忆重现"中的假象与幻影(癫痫引起的"记忆重现"中的景象也是真实的,无论是琐碎的还是有深刻意义的)。众所周知,弗洛伊德对休林斯·杰克逊推崇备至——而杰克逊,虽然他活到了1911年,但我们并不知道他是否听说过弗洛伊德其人。

O'C太太的病例极具美感,因为它既是"杰克逊式的",又是"弗洛伊德式的"。她经历的无疑是杰克逊式的"记忆重现",但重现的记忆却令她的状态稳定,甚至有治愈效果,这又符合弗洛伊德提出的"既往症"特征。此类病例尤为罕见,令人激动——它们能够连接生理学和个人经验,如果加以研究,可能会指向未来的新型神经学,和生活经历相关的神经学。想来,这种思路也不会令杰克逊吃惊,更不至于将他激怒。毕竟,这样的研究应当是他梦寐以求的——他在1880年写下"梦境状态"和"记忆重现"时，想必是心怀憧憬的。

潘菲尔德与佩罗特的论文以"大脑的视听觉经验记录"为题，现在我们能够思考，这种内在的"记录"是以怎样的形式存在的。这种癫痫的发作，人生经历（或其片段）的重播，毫无疑问是个性化的。问题在于，这样的经验重现是以怎样的形式进行的？如同一场电影或一张唱片，在大脑的"放映机"中播放？还是更加源头性的逻辑流，类似剧本或者乐谱？我们生命的记录，其自然的保存形式是为哪般？这种记录，除了单纯的记忆与"重现"，是否还有想象力在其中作用？从最简单的感觉和运动影响，到复杂的背景世界，地貌景观，它们是记录，还是想象？生命中的所有剧目、记忆与想象，本质上都为个人独有，精彩而鲜活。

患者的"记忆重现"现象提出了关于记忆和记忆学的本质问题——在讲解遗忘症和遗忘学的病例时（见第2篇《迷失的水手》和第12篇《身份碎片》），我们从相反的角度看待过这些问题。先前提过的，P博士那戏剧性的视觉失认症（《错把妻子当帽子》），O'M太太和埃米莉·D.女士的失歌症（见第9篇《总统的演讲》），这些与失认症相关的病例，对认知的本质提出了疑问。而一些运动困难（失用症）的智力迟钝患者，以及额叶失用症的患者，则对运动的本质提出了类似的疑问——患者在病症严重时将无法行走，失去"运动旋律"，连步行都找不到状态（帕金森病患者也会出现这种情况，参见《苏醒》）。

O'C太太和O'M太太的"记忆重现"症状表现为喷涌不息的旋律与场景，本质上是记忆与感知的过载。而与之相反，遗忘症

183

和失认症的患者则是失去了（或在不断失去）内心的旋律与场景。两种病例从不同的角度证明了，内心经历的本质是"旋律性"和"场景性"的，这符合普鲁斯特对记忆和心灵本质的理解。

只需用电击刺激此类患者大脑皮质上的特定点位，就能触发"普鲁斯特式的"联想或记忆重现。我们不禁会思考，究竟是什么促成了这一切？这种重播是在什么样的大脑机制下进行的？目前我们对大脑处理和显示功能的理解都是计算机式的（如戴维·马尔的著作《幻觉：人类视觉再现的计算机式研究》，1982年）。在此类研究中，多使用"模式""程序""算法"等计算机术语来进行解释。

但仅凭这些术语的概念就能够完成丰满鲜活的经验重现，将视觉、剧情和音乐等与个人经验息息相关的要素都生动地再造出来吗？

对这个问题，答案无疑是否定的。任何计算机式的再现，哪怕是马尔和伯恩斯坦（该领域的杰出专家）设想中的那种精确的模式，都绝无可能构筑得这般鲜活——这份细致的记忆重现，正是编织生命画卷的金羊毛。

在这里，病人的临床症状和生理学家的理论知识之间出现了巨大的鸿沟，如何跨越这道鸿沟？或者，如果这道鸿沟无法逾越（这是很有可能的），是否存在除控制论之外的某种理论概念，能够解释思维与生命，解释普鲁斯特式记忆重现的本质呢？简言之，在高度机械式的"谢灵顿哲学"之外，我们能否构筑高度个性化的"普鲁斯特哲学"呢？（谢灵顿在《人的本质》中曾暗示过,人的思维可能被想象成一台"魔法织布机",永不终止地编织着变化多端、意义丰富的图案……)

意义的图案能够超越计算程序化的样式,容纳内在于记忆重现、直觉和行为的本质的个性化特征。如果我们询问这种图案有哪些形态或者组织,答案应当是瞬间(且不可避免地)出现在脑海里的。个性化的图案应当不得不以剧本或乐谱等抽象形式出现——与计算机相同,电脑编写的图案,本质呈现时就是模式和程序。因此,可以认为在大脑程序之上有一个更高的层次,姑且可以称为"大脑剧本"或"大脑乐谱"。

《复活节进行曲》的乐谱想必已经镌刻在O'M太太的脑海里,无法磨灭了——那张乐谱,她的乐谱,刻录了她最初听到曲子时所有的情感和经验。与之类似,O'C太太脑海中的"情景"单元中肯定也不可磨灭地记载着她的童年场景,哪怕她忘记了它们,记录也始终保存着,并且能够被重新激活过来。

我们还必须注意,潘菲尔德的记录中显示,如果切除大脑皮质引发记忆重现的微小痉挛部位,则重现的场景会完全消失——如果说记忆重现是一种记忆过载,代表着绝对明确的记忆,那么切除痉挛部位后,取而代之的是一种绝对的忘却。这件事十分重要,同时也令人恐惧:它可能开启真正意义上的精神外科,一种研究身份的精神外科(其精细程度将远超目前的大体切除术和脑白质切断术,这两种手术只能抑制或扭曲性格,但无法触及人生经验)。

经验的形成,必然会与个人的鲜活经历相联系;行为的形成也一样。大脑对所有一切的记录，都是鲜活的。这就是大脑记录的终极形式，即使其初步形式可能呈现计算机式或程序式的特征，最终重现的形式也必然是艺术性的场景——经验、行为，都以艺术化的旋律与场景展现出来。

同理，如果大脑的重现功能受损或受创，如遗忘症、失认症和失用症的情况，那么修复的过程（如果有可能修复的话）应当是双管齐下的：一方面，可以像苏联正在进行的神经心理学研究那样，重构受损的表层程序和系统；另一方面，要在深层的内心旋律和场景上进行直接修复［见《苏醒》《单腿站立》和本书中的几个病例，尤其是《丽贝卡》（第21篇）以及第四部分导言］。治疗大脑受创的患者，可以采取其中一种方式，也可以二者并用：说白了，一种是"系统式"疗法，一种是"艺术性"疗法，如有可能，二者兼顾可能效果最佳。

早在百年之前，学者就对此有所暗示——在休林斯·杰克逊关于"记忆重现"的原始描述中（1880年），在科尔萨科夫对遗忘症的研究中（1887年），在弗洛伊德和安东对失认症的思考中（18世纪90年代）都可窥一斑。系统生理学的兴起，让他们的远见卓识逐渐被人遗忘，而现在正是重拾它们的时候，在我们的时代构建崭新的美丽的"存在性"科学与疗法，与系统生理学相互补充，给我们提供全面的理解与力量。

本书初版以来，已有无数音乐性"记忆重现"的患者来向我问诊了——这表明，尤其在老人群体中，"记忆重现"并不是什么罕见的病症，只是患者大多有所顾虑而不愿问诊。有时（如O'C 太太和 O'M 太太的状况）会出现极具研究价值的病例。也有时，如在最近的一份病例报告（《新英格兰医学杂志》，1985 年 9 月 5 日）中指出，这种病症是由毒性导致，比如过量服用阿司匹林。严重的神经性耳聋患者也可能产生音乐性"幻觉"。但绝大多数病例是找不到病因的，且他们的症状虽然恼人，但大多不是恶性的。（同时，为何大脑掌管音乐的部位在老龄时尤其容易"失控"，目前也尚不清晰。）

16
情不自禁的怀旧

如果在治疗患有癫痫或偏头痛的病人时，偶尔会遇到记忆重现的症状，那么在服用左旋多巴片而受到刺激的脑炎后遗症患者中，这就是司空见惯。我见得太多了，甚至把这种药物叫作"古怪的个人时光机"。在其中一位病人身上，记忆重现的情况格外戏剧化，我就以她为主角写了《给编辑的一封信》，发表在1970年6月出版的《柳叶刀》上，全文已附在下方。我在文中提到的是严格意义上的、杰克逊式的"记忆重现"，指很久以前的回忆不断地涌上来。后来我在《苏醒》中写到罗丝·R.的病史，逐渐认为这不是"记忆重现"，而是"时间停滞"。（我在书中写道："她的时间一直停在1926年吗？"）哈罗德·品特在《一种阿拉斯加》中，也从同样的角度来看待女主角底波拉的症状。

部分脑炎后遗症患者服用左旋多巴片后的效果十分

惊人，患病早期、已经消失一段时间的症状和行为会重新出现。我们提到过，呼吸困难、眼动危象、运动机能亢进和抽搐会复发或恶化。我们也观察到很多其他消失的初期症状，比如肌阵挛、贪食、烦渴、男性色情狂、中枢性疼痛、强迫症等。等级更高的复杂功能，如受到情感控制的道德标准、思维体系、梦境和记忆，会重新变得活跃，而原本这些功能由于患者不能运动，有时情感淡漠，状态不稳定，已经被遗忘和压抑，不再运转了。

服用左旋多巴片引发强迫性记忆重现的例子中，一位63岁的女性最让人惊讶。从18岁起，她就因脑炎后遗症患有严重的帕金森病，24年来几乎一直处于有眼动的昏睡状态，住在疗养院里。服用左旋多巴片后，帕金森病的症状和昏睡状态得到了极大改善，她可以正常说话和走动。很快，患者精神激动，性欲高涨（其他一些患者也出现了相同的状况），这一时期的症状是完全的记忆重现，她快乐地认为自己回到了年轻的时候，无法自控地回忆很久之前的性经历，不断地提到性。患者要了一台录音机，之后几天录下了许多色情歌曲、黄色笑话和打油诗，这些常常出现在20世纪20年代中后期的派对八卦、下流漫画、夜总会和音乐厅中。她不断地表演当时的事件，活灵活现，她说话的内容、腔调，表演的样子，都让人不由自主地想到20世纪20年代的新潮女郎。对此患者本人是最惊讶的，她说："天哪！我不明白，我都40多年没听过、没想过这些东西了,我竟然还记得!它们不断地涌进我的脑袋。"她越来越激动,必须减少左旋多巴片的服用剂量,之后这名患者虽然依旧口齿清晰,却把这些久远的回忆立刻忘得一干二净。之前录下来的色情歌曲,她一句歌词也想不起来了。

强迫性记忆重现通常伴有似曾相识之感,或者杰克逊概念中的"双重意识",这在患有癫痫和偏头痛的病人身上颇为常见,或者在服用了安眠药的病人和精神病患者身上出现,但对于普通人来说,听到特定词语和声音,看到某个场景,尤其是闻到某种气味,会刺激人们回忆过去,这比强迫性记忆重现的效果弱很多。强迫性记忆重现与眼动危象常常同时出现,楚特提到一项病例,"无数的回忆忽然涌入病人的脑海"。潘菲尔德和佩洛特刺激病人大脑皮质中引起癫痫的部分,成功地引发了病人固定的回忆,他们推测,无论癫痫发作是自然发生还是人为引发,都会让"石化的记忆序列"在大脑中重新活跃起来。

我们推测,患者(像大多数人一样)脑中有许多处于"休眠"状态的记忆,在特定的情况下,尤其是受到极大刺激时才能重新活跃。我们认为,大脑下皮质中有很久以前的记忆,它们比心理层面埋藏得更深,但仍深深地刻在神经系统中,由于缺少外在刺激或本人主动压抑,一直处于休眠状态,一旦患者受到刺激或不再压抑,这些记忆重新活跃可能产生同样的效果,并互相影响。然而我们怀疑,说患者的记忆在患病期间受到"压抑",在左旋多巴片的刺激下得到"释放",不一定能完全解释记忆重现。

由左旋多巴片、大脑皮质探针、癫痫、偏头痛、眼动危象等引发的强迫性记忆重现，可以初步定义为一种应激反应，而在老年期或醉酒状态下无法自控地回忆往事，则更像解除记忆抑制，让过去的痕迹显露出来。这些因素都会"释放"回忆，让人重温回忆，再现过去。

17
魂归故里

　　巴嘉汉迪是一位 19 岁的印度女孩，患有恶性脑瘤，1978 年来到我们的临终疗养院。她在 7 岁时第一次发现脑瘤，是星形细胞瘤，当时恶性程度很低，肿瘤边界清晰，可以完全切除。术后她的大脑功能恢复，重新开始正常生活。

　　之后 10 年像是死缓期，但她尽情生活，非常感恩和清醒，因为她（她是一个聪明的姑娘）知道自己大脑里有一颗"定时炸弹"。

　　她 18 岁那年脑瘤复发了，扩散更快，恶性程度更严重，无法切除。医生为她做了减压手术造成脑瘤扩张，因此她的身体左侧变得虚弱和麻木，还引发了不定时的癫痫发作和其他问题，于是她被送来我们疗养院。

　　起初她很乐观，似乎完全接受了即将到来的命运，仍然想和其他人待在一起做些事情，尽可能享受和体验生活。但肿瘤向她的颞叶扩张，减压手术的部位开始隆起（我们给她服用类固醇以减轻脑水肿），癫痫发作得更加频繁，情形也更奇怪。

原本癫痫发作的症状是大面积抽搐，她偶尔会持续发作。但最近发作的癫痫症状完全不同：她不会失去意识，但她看起来（或感觉上）很"恍惚"，很容易确定，她现在经常发作的是颞叶癫痫（可以通过脑电图确认），症状是"恍惚状态"和非人为控制的"记忆重现"，与休林斯·杰克逊所说一致。

很快，这种模糊的恍惚状态变得更加明确，具体可见。巴嘉汉迪在恍惚状态里看见印度的景象，那里的风景、村庄、房屋、花园。她立刻认出来，这是她小时候就熟悉并喜爱的地方。

我们问她："这会让你痛苦吗？我们可以换一种用药。"

她平静地微笑道："不会，我喜欢这些梦，它们把我带回了家。"

有时她看到一些人，通常是来自她家乡的家人或邻居；有时她看到他们说话、唱歌跳舞；有时她感觉自己身处教堂，有时在墓地；但大多数情况下她见到平原、田野、村庄附近的稻田，还有低矮可爱的小山丘一直延伸到地平线。

这些都是由于颞叶癫痫发作吗？乍一想似乎是，但现在我们不太确定了，因为颞叶癫痫发作的模式基本固定（休林斯·杰克逊强调过这一点，怀尔德·潘菲尔德也通过刺激暴露的大脑证实过。见第15篇），患者看见单一的场景或听到同一歌曲，不停重复，大脑皮质上同样有一个固定焦点。而巴嘉汉迪的梦并不固定，她能看到风景不断变化，又逐渐消失。这是不是因为服用大量类固醇而中毒，产生了幻觉？似乎有可能，但她不能减少类固醇的服用量，否则她会陷入昏迷，在几天内死亡。

所谓"类固醇精神病"发作时，患者往往兴奋而混乱，但她总是保持清醒，温和平静。在弗洛伊德的理论中，这是幻觉或梦境吗？或者是精神分裂症患者有时会出现的梦呓性精神病？我们也无法确定，因为尽管存在某种幻觉，但她看到的显然都来自记忆。它们与正常的认知和意识并存（休林斯·杰克逊称为"双重意识"），显然没有"过度的情感贯注"，或由激情驱动。它们更像绘画或音乐诗，时而快乐，时而悲伤，不断唤起和再现充满爱的珍贵童年回忆。

随着时间流逝，她的梦境和幻觉越来越频繁，越来越深入。以前只是偶尔出现，现在则占据了一天中的大部分时间。我们看到她全神贯注，仿佛处于恍惚状态，她的眼睛有时闭着，有时睁开时也没有视物，脸上总是挂着淡淡的神秘笑容。如果有人走近她，问她什么事情，比如护士的例行工作，她会清晰礼貌地立刻回答，但即使是最基层的工作人员也感觉她在另一个世界里，我们不该打扰她。我也有这种感觉，虽然很好奇，但不愿意去探究。只有一次，我问她："巴嘉汉迪，你怎么了？"

"我快要死了，"她说，"我要回家了，回到我的故乡——你可以说我是魂归故里。"

一周后，巴嘉汉迪不再对外部刺激做出回应，似乎已经完全沉浸在自己的世界里。她的眼睛闭着，脸上仍然带着淡淡的幸福

17 魂归故里

微笑。工作人员说:"她在回去的路上,很快就要到家了。"三天后,她离开了人世——或者应该说她"抵达了"?她魂归故里,回到了印度?

18
皮肤下的狗狗

斯蒂芬是一名 22 岁的医科学生，因服用毒品（可卡因、致幻剂，主要是苯丙胺）而精神亢奋。

有天晚上，他做了一个栩栩如生的梦。他梦见自己是一只狗，那个世界的气味超乎想象地丰富，具有重要意义（水闻起来多么快乐……石头闻起来多么勇敢）。醒来后，他发现梦里的世界变成了真实。"我好像原来是个色盲，突然发现自己的世界充满了色彩。"事实上，他的色觉确实增强了。"以前在某个区域我只能看到一种棕色，现在能分辨出几十种棕色。以前我的每本皮装书看起来都差不多，现在我能区分它们的颜色，而且区分得非常明显。"他的视觉感知和记忆力也戏剧化地增强了，"我以前不会画画，因为我没有办法在脑海中'看到'东西，但现在我的大脑里好像有个描图器，我能在脑海里'看到'一切，它们的样子投射在纸上，我只是画出我'看到'的轮廓。突然我就能画出最精确的解剖图了。"但是，嗅觉增强才让他的世界天翻地覆："我梦见我是一只狗——那是一个关于嗅觉的梦——我醒来之后，世界里也充满了气味。其他的感官也得到了增强，但在嗅觉面前却黯然失色。"同时还有一种颤抖的、热切的情感，一种奇怪的怀旧情绪，仿佛有一个失落的世界，只能想起一半。①

他继续叙说："我走进一家香水店，以前我闻不到太多味道，但现在能立刻分辨出每一种气味，每一种都很独特，让我产生联想，感觉到一个完整的世界。"他发现自己可以通过气味区分他的朋友和病人："我走进诊所，像狗一样闻气味。在看到他们之前，我就通过气味认出了那里的20名病人。每个人都有自己的嗅觉相貌，嗅觉面孔，这比任何视觉面孔都更生动，更令人回味、引人联想。"他的嗅觉像狗一样灵敏，能闻出他们的情绪——恐惧、满足、性欲高涨。他可以通过嗅觉认出每条街道和商店，在纽约绝对不会迷路。

他有种莫名的冲动，看到什么东西都想闻闻摸摸（"只有摸

---

① 类似的状态可能是"钩状癫痫"发作的症状，出现异常的情绪、记忆重现和似曾相识的感觉，有时是嗅觉带来的幻觉。这是一种颞叶癫痫，大约一个世纪前休林斯·杰克逊首次提及。通常情况下，这种体验相当特殊，但有时嗅觉会整体强化，演变为嗅觉过敏。从系统学上讲，爪型钩是古代"嗅脑"的一部分，在功能上与大脑的边缘系统有关，而越来越多人认为边缘系统在决定和调节整个情绪"基调"方面很关键。无论通过什么方式刺激它，都会产生强烈的情感冲动，感官也会得到强化。戴维·贝尔在1979年对这一情况和它的分支进行过详细的研究。——作者注

到了，闻到了，我才感觉这个东西是真的"），但如果和人待在一起，他就会压抑这种冲动，以免失礼。性欲的气味令人兴奋，并且不断增强，但他觉得食物和其他气味也同样令人兴奋。嗅觉上带来的愉快和不快都很强烈，但对他来说，这个世界不是关于愉快与否，而是包围着他的全部的美学和判断，以及全新的意义。他说："这个世界里满是太过具体的细节，一切都很直接。"他以前是个理性的人，喜欢思考抽象问题，现在因为每一次经历都十分直接和强烈，对他来说，思考、抽象和分类都有些困难和不真实了。

三周后，这种奇怪的变化毫无征兆地消失了，他的嗅觉和其他所有感官都恢复原样。他回到了原来的世界，这里苍白抽象、感官迟钝，他感到失落，同时又松了一口气。"我很高兴能回来，"他说，"但也感觉失去了很多东西。我现在知道了，作为文明人，我们失去了什么，我们也需要当'原始人'的感觉。"

16年过去了，他的学生时代早已过去，他不再服用苯丙胺，也再没有出现过类似的情况。他成了一位非常成功的年轻内科医生，是我在纽约的朋友和同事。他没有遗憾，只是偶尔怀念那个世界。他感叹道："那个嗅觉的世界！那个芬芳的世界，多么生动和真实！那里像是另一个世界，只有纯粹的感知，丰富而充实、活力满满、自给自足。要是我偶尔能回去，再做一只狗就好了！"

弗洛伊德曾多次写道，人类的嗅觉在文明发展的过程中被"牺牲"了，人们选择直立，抛弃原始的、未进化的性行为，嗅觉也被压抑。有报道指出，嗅觉的特别（且病理性）增强发生在性倒错、恋物癖和其他病例中。[1]但这里描述的嗅觉释放似乎更宽泛，虽然与兴奋有关（可能是苯丙胺诱导多巴胺兴奋），但既不是具体的性行为，也与性倒退无关。类似的嗅觉过敏，有时是突发性的，可能在多巴胺升高的兴奋状态下出现，就像服用左旋多巴的脑炎后遗症患者和图雷特症患者。

即使在最基本的感知层面上，我们也能发现抑制嗅觉的普遍性，黑德将原始的、充满感情色彩的东西称为"皮肤原始感知"，需要受到抑制，这样才能出现复杂的、分类的、不带感情的"精细感知"。

人们抑制嗅觉不能用弗洛伊德的理论来解释，也不是被赋予英国诗人布莱克式的夸张和浪漫。也许正如黑德所说，人们压抑嗅觉才能成为人，而不是狗。[2]然而，斯蒂芬的经历和切斯特顿[3]的诗《魁斗之歌》都在提醒我们，有时我们要当一只狗而不是一个人：

　　他们并非没有鼻子

---

[1] A. A. 布里尔（1932年）详细阐释了这一情况，将它与大型动物（如狗）、"野蛮人"和儿童充满气味的嗅觉世界进行对比。——作者注

[2] 见乔纳森·米勒在《聆听者》（1970年）上发表的一篇名为《皮肤下的狗狗》的关于黑德的评论文章。——作者注

[3] G. K. 切斯特顿（G. K. Chesterton, 1874—1936），英国文学评论家和诗人。

夏娃的堕落之子……
哦,水闻起来多么快乐
石头闻起来多么勇敢!

后记

我最近遇到了与这个案例类似的情况。一个天资聪慧的人头部受伤，嗅束受到严重损害（它们在颅前窝延伸了很长一部分，非常脆弱），完全失去了嗅觉。

他惊讶又苦恼："嗅觉？我从来没有考虑过嗅觉。人们一般不会特地去想嗅觉的事，但一旦失去，就像突然失明了。生活的乐趣消失了太多，人们意识不到嗅觉带来了多少乐趣。无论是人还是书，城市还是春天，人们都会无意识地用闻的方式感知，无意识地把气味作为其他事物的丰富背景。一旦失去了嗅觉，我的世界突然变得十分贫瘠和乏味……"

他感到失落极了，十分渴望回到过去，重新拥有嗅觉，回到充满气味的世界。他以前意识不到这些气味，但现在觉得它们是生活的基础。几个月后，他惊喜地发现，原本他最爱的却已变得"淡而无味"的早餐咖啡，现在忽然又有了香气。他几个月没有碰过烟斗，试探性地吸了两口，也感觉到一丝他喜爱的浓郁香气。

他非常兴奋地去找医生，尽管神经科医生认为他没有希望康复。但使用"双盲"技术详细测试后，他的医生却说："很抱歉，你的嗅觉仍然缺失，没有康复的迹象，但奇怪的是你竟然能'闻到'烟斗和咖啡的味道……"

重要的是，他只有嗅束受到损害，大脑皮质并没有受伤，所以现在的情况是他创造出了增强的嗅觉想象，几乎可以说是可控的幻觉。以前他喝咖啡或点烟斗总会闻到气味，现在能够无意识地唤起这些联想，这种想象非常强烈，他认为它们是"真实的"。

这种力量部分是有意识的，部分是无意识的，越来越强，不断扩散。例如，现在他吸吸鼻子就可以"闻到"春天的味道，至少他回想起了嗅觉记忆或嗅觉图像，这种感觉十分强烈，他几乎可以欺骗自己和别人，让他们相信他真的闻到了。

这种补偿经常发生在眼盲和耳聋的人身上，比如耳聋的贝多芬和眼盲的普列斯科特[1]，但我不知道这在失去嗅觉的人当中是否常见。

---

[1] 普列斯科特（William Hickling Prescott，1796—1859），美国历史学家，主要作品有《墨西哥征服史》（1843年）、《秘鲁征服史》（1847年）。

19
谋杀

在致幻剂的作用下，唐纳德杀死了他的情人，而他完全不记得，至少看起来如此。无论是催眠还是使用安密妥钠催眠药，他都回想不起来。因此，审判的结论是，这不是压制记忆，而是一种器质性失忆症，致幻剂造成的记忆丧失。

法医检查发现，这一案件的细节非常可怕，决定不在公开法庭上披露，而是秘密讨论，向公众和唐纳德本人都隐瞒。颞叶癫痫或精神运动性癫痫患者发作时偶尔也会发生暴力行为，他们将其与此案进行了比较，杀人者对自己的行为没有记忆，甚至可能没有犯罪意图，法庭认为他们没有犯罪，不承担责任，但为了他们自身和公众的安全，会将他们监禁。这就是不幸的唐纳德遭遇的事情。

他在精神病院度过了四年，对于他当时是犯罪还是精神病发作，人们仍然抱有怀疑。而他对于自己被监禁似乎很宽慰，他或许想要受到惩罚的感觉,而且毫无疑问,被隔离让他感觉很安全。人们问起时,他哀伤地说:"我不适合在社会上生活。"

突然失控非常危险,远离失控让他感觉安全,也感到平静。他一直对植物很感兴趣,这对他很有助益,远离人际关系和活动的危险范围,监禁他的医院十分赞成。他接管了医院破烂不堪、无人打理的场地,建了花园、家庭菜园和其他各种花园。他似乎获得了一种节制的平衡,以前激烈的人际关系和激情,现在变成了陌生的平静。有人觉得他有精神分裂症,有人觉得他心智正常,每个人都觉得他处于某种稳定状态。他被监禁的第五年,开始假释外出,可以在周末离开医院。他曾经是个自行车狂热爱好者,现在他又买了一辆自行车,就是这辆自行车让他遇到了第二件古怪的事。

当时他正飞快地踩着脚蹬骑下陡坡,这时一辆汽车开得歪歪扭扭,突然从视觉盲区的转角开出来。他立刻把车头一偏,免得直接和汽车相撞,然后就失去了控制,头朝下猛地摔到了路上。

他的头部严重受伤,两侧硬脑膜下都出现了大面积血肿,医院立即给他动手术进行疏散和引流,两个额叶也严重挫伤。他昏迷了几乎两周,半身不遂,之后出乎意料地开始恢复,他的"噩梦"也由此开始。

意识逐渐回归并不愉快,它十分激烈和混乱,让人感到害怕。半昏迷的唐纳德似乎在剧烈挣扎,不停地喊着"上帝!"和"不要!"。随着意识越来越清晰,可怕的完整记忆也随之而来。他出现了严重的神经系统问题,左侧身体虚弱麻木,癫痫发作,额叶功能严重缺损。出现这些症状，尤其是最后一个，让他回想起全新的记忆。他想起了那起谋杀案，细节生动，几乎像是幻觉。无法控制的回忆涌上心头，压得他喘不过气来，他不断地"看到"那起谋杀案，一次又一次地实施它。他在做噩梦，还是疯了？是出现了"超常记忆"，还是那道真诚的、不作假的、可怕的高度记忆被突破了？

我们对他进行了详细的询问，极力避免任何暗示，但很快看出，他真的在无法控制地"记忆重现"。他现在知道谋杀案最细微的细节，但这些细节只在法医检查报告中出现，从未在公开法庭上披露或向他本人透露。

之前，即使被催眠或注射安密妥钠，他也想不起来这段记忆，现在却恢复了，随时可以想起来。他的记忆无法控制，更糟的是他完全无法忍受。在神经外科病房里，他两次试图自杀，医院不得不给他注射大量镇静剂，限制他的人身自由。

唐纳德之前怎么了？现在又是怎么回事？他的回忆完全是真实发生过的事情，而不是突然出现的幻觉。即使完全是精神错乱的幻觉，为什么在他头部受伤的情况下突然发生？这是前所未有的情况。这些记忆有一种精神病或接近精神病的状态，用精神病学的术语来说，它们是强烈或过度的"情感贯注"，让他不断产生自杀的想法。但是对于这样的记忆，什么才是正常的情感？从完全失忆中突然出现的，不是暧昧的恋母情结或罪恶感，而是实际谋杀案的过程吗？

由于额叶不再完整，记忆不再受到压制，这是否有可能？而

错把妻子当帽子

我们现在看到的是不是一种"去压制作用"？它突如其来、十分特别，极具爆炸性。我们从来没有听说过或在书上读到过类似的案例，尽管我们都很熟悉额叶综合征中一般的去抑制现象——冲动，滑稽，好色，夸夸其谈，不受约束，对外界漠不关心，展现粗俗的自我。但这些与唐纳德现在的性格完全不同，至少他不冲动，能进行选择，没有不合适的举止。他的性格、判断力和一般的人格都和平时一样，只是谋杀的记忆和感受无法控制地爆发出来，困扰他，折磨他。

其中是否有特定的兴奋性因素或癫痫性因素？我们对此进行了脑电图研究，结果很有趣。用特殊的（鼻咽）电极刺激可以发现，除了偶尔的癫痫大发作，他的两个颞叶还会有一种强烈的、深层的癫痫不间断地发作，向下延伸（仅是推测，还需要植入电极来确认）到爪型钩、杏仁核、脑边缘叶结构，情感神经回路则位于颞叶深处。潘菲尔德和佩洛特写到（1963 年发表在《大脑》上，第 596—697 页）一些病人在颞叶癫痫发作时，反复出现"记忆重现"或"经验幻觉"。但潘菲尔德描述的经历或回忆大多数是被动的——听到音乐，看到场景，也许是在现场，但是作为观众，而不是主角。[1] 我们没有听说过这样的情况，病人重新体验，或者说重新实施某个行为，但在唐纳德身上确实发生了。我们还

---

[1] 然而，情况并非总是如此。潘菲尔德也记录过一个可怕的创伤性病例，患者是一个 12 岁的女孩，每次发作时她都在狂奔，躲避杀人犯，对方带着一袋蠕动的蛇追赶她。这种"经验幻觉"真实地再现了五年前发生的可怕事件。——作者注

没有找出原因。

故事到这里就差不多了。唐纳德很年轻，也很幸运，时间帮助他自然愈合，他受伤前大脑功能良好，加上鲁利亚式疗法进行额叶"替代"，多年来他恢复得非常好。他的额叶功能现在几乎正常了。最近几年才研发出了新的抗惊厥药，使用后他的颞叶癫痫发作也得到了有效的控制，自然恢复也起到了一定的作用。最后，通过定期心理治疗，在情感上给予他支持，他自我指责的超我之惩罚性的精神暴力，已经得到缓解，他的自我也在温和地发挥作用。最重要的一点是，他现在重新开始园艺工作。"我觉得园艺工作让我平静，"他对我说，"不会产生冲突。植物没有自我，不会伤害人的感情。"正如弗洛伊德所说，最根本的治疗是工作和爱。

他没有忘记或重新压制谋杀的记忆（如果压制真的有效），但他不再受到困扰：他取得了生理和道德上的平衡。

但是，一开始被忘记、之后又恢复的记忆是什么样的？为什么会出现失忆，之后又爆炸性地恢复？为什么记忆被完全忘记之后，又会可怕地被重现？在这场奇怪的、半神经病学的事件中究竟发生了什么？至今仍是一个谜。

20
幻象中的天堂之城

"天堂之城的幻象"摘自希尔德加德的手稿《认识主道》,大约在1180年写于宾根。这一幻象综合了几个患者偏头痛时见到的幻象。

20　幻象中的天堂之城

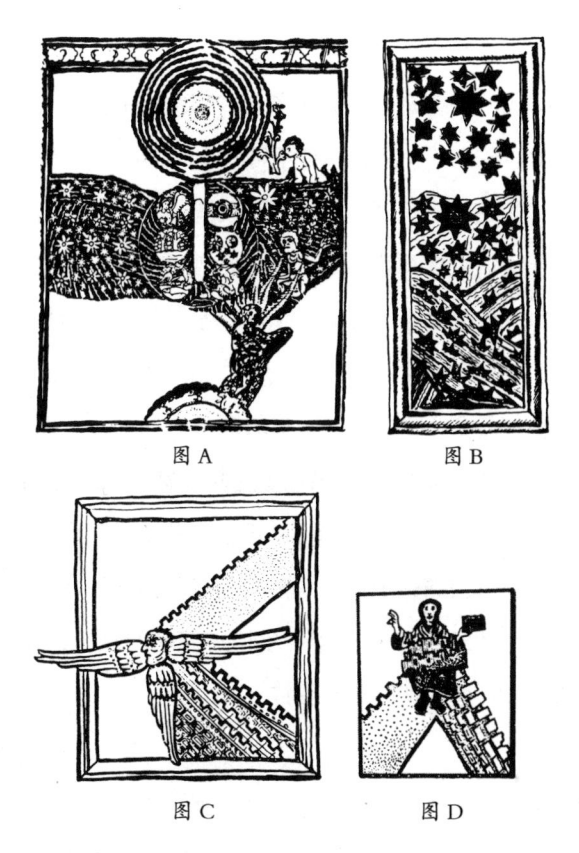

图 A

图 B

图 C

图 D

这是在希尔德加德的幻象中偏头痛引发的幻象种类。

图 A 的背景由闪烁的星星组成，散落在摇摆不定的同心线上。在图 B 中，一束灿烂的星星（光幻视）划过天空后熄灭了，这是连续的正负性暗点。在图 C 和图 D 中，希尔德加德描绘了典型的城墙幻象，它由偏头痛引起，从一个中心点向外辐射，在原作中，这个中心点是彩色闪光的。

每个时代的宗教文献都充满了对"幻象"的描述，人们在幻觉中看到灿烂的光芒，感到一种不可言喻的崇高（威廉·詹姆斯[①]认为这与"光幻觉"有关）。绝大多数情况下，不能确定这种幻觉是否出于癔症或精神病性的狂喜，是否由于中毒、癫痫或偏头痛。宾根的希尔德加德（1098—1180）是个特例。她是一位修女，拥有神秘的智慧和文学素养。从幼年开始到生命的最后阶段，她经历了无数"幻象"，在流传下来的两本手抄本《认识主道》和《神之功业书》中，她详细地描述了这些幻象，并绘制了图画。

认真考量这些描述和绘画，就不会对其本质产生怀疑：毫无疑问，它们是偏头痛造成的，是病症的视觉前兆，之前提到过这一点。辛格（1958年）在关于希尔德加德的幻象的长篇论文中，选择了以上最具代表性的几幅图：

> 总体上，一项突出特征是一个或一组光点像波浪一样闪烁和移动，人们通常认为这是星星或燃烧的眼睛［图B］。很多情况下，其中一道光比其他的更大，形成一系列同心圆状的波浪图形［图A］；明确的城墙幻象经常出现，有时从彩色的区域辐射出来［图C和D］。许多能看见幻象的人描述，这些光线给人忙碌、沸腾或发酵的印象……

[①] 威廉·詹姆斯（William James, 1842—1910），美国著名心理学家。

20 幻象中的天堂之城

希尔德加德写道：

　　我看见幻象时既没有睡着，也不是在做梦，更没有发疯。我没有用肉身的眼睛和耳朵，也不是在隐秘处。我神志清醒，我用灵魂的眼睛和耳朵，按照神的旨意公开地感知这些幻象。

其中一个幻象是星星坠落，在海洋中消失（图B），对她来说这意味着"天使的陨落"，她说：

　　我看见一颗灿烂而美丽的巨星，许多星星和它一起向南坠落……突然它们都消失了，变成了黑炭……它们坠入深渊，我再也看不到了。

希尔德加德以寓言的方式解释看到的幻象，我们的字面解释是，她经历了一场跨越视野的光幻觉，之后负性暗点出现了。她在图C和图D中看到了城墙幻象，从一个明亮的、（原作中）闪闪发光的彩色点中辐射出来。她把这两个幻象综合起来（第一幅图），认为城墙幻象是上帝之城的建筑。

　　狂喜状态下，这些幻象更加神奇，尤其是在特殊情况下，一开始闪烁之后出现第二个暗点时，更有这样的感受。

211

我看见的光没有固定的位置，但是比阳光更灿烂。我看不出光的高度、长度和宽度。我叫它"活光之云"。就像日月星辰可以映射在水中，人们的著作、名言、美德和作品也映射在光中，出现在我眼前……

有时我在这道光中看到另一道光，我称之为"活光之光"。看到它，所有的悲伤和痛苦都从我记忆中消失了，我不再是个老妇人，而是重新变成少女。

狂喜之下，希尔德加德看到的幻象拥有深刻的神学和哲学意义，引导她走向圣洁和神秘的生活。这个独特的例子说明，一项生理事件，对绝大多数人来说很平常、没有意义，甚至很讨厌，但在特别的意识中，可以成为灵感的基础，让人狂喜至极。这就必须要提到陀思妥耶夫斯基，他有时癫痫发作看到幻象，欣喜不已，他认为具有非凡的历史性意义。

有些时候，只是五六秒钟，你会感觉到永恒的和谐……可怕的是这短短的时间内它十分清晰，让人感到狂喜。如果这种状态持续超过五秒钟，灵魂就会无法承受而消散。在这五秒钟里，我活过了整个人类的一生，这值得我付出整个生命，而不觉得代价高昂……

第四部分 智力迟钝者的世界

导言

几年前,我开始与智力迟钝者打交道,我以为情况会很糟糕,就写信给鲁利亚,告诉他我的想法。令我惊讶的是,他用最积极的措辞给我回信,他说这类病人于他来说总是最"可亲"的,在他的职业生涯中,在缺陷学研究所的日子是最感动,也是最有趣的。在他第一本临床传记《儿童语言和心理过程的发展》的序言中,他也表达了类似的感情:"如果作者有权表达对自己作品的感受,那我必须要说,对于这本小书中的患者,我总是抱有一种温暖的感情。"

鲁利亚所说的"温暖的感情"是什么?这显然是感性的个人表达。对于有缺陷的人,无论他们(智力)有什么缺陷,如果没有反应,不能真正地感受外界和表达情感,没有个人潜力,鲁利亚都不可能有这样的感受。不止如此,这一表达也出于科研兴趣,对智力迟钝者身上的某些特质让他产生了特别的科研兴趣。可能是什么特质?当然不可能是"缺陷"和"缺陷学",毕竟这些方面的趣味相当有限。那么在智力迟钝者的世界,到底是什么特别有趣呢?

智力迟钝者的一部分心智得以保留,甚至得到增强,因此,尽管某些方面有"心智缺陷",但在其他方面可能很有趣,称得上心智完整。我们很明确,要在他们简单的心智中探索的东西,是概念定义的智力之外的心智方面(我们也可以在儿童和"野蛮人"的心智中探索,尽管克利福德·格尔茨[1]反复强调,这些类别不能等同:野蛮人既不是智力不足也不是儿童;儿童没有野蛮文化;而智力迟钝者既不是野蛮人也不是儿童)。然而,这些群体关系密切,皮亚杰[2]研究了儿童的心智,列维-斯特劳斯[3]研究了"野蛮人心智",智力迟钝者的心智世界与这二者形式不同,在等待我们研究。[4]

等待我们研究的领域也同样让人愉快和期待,充满了鲁利亚式的"浪漫科学"。

智力迟钝者的心灵到底有什么样的特质?它有什么特征,能让智力迟钝者天真单纯,又拥有完整的人格和尊严?这种特质十分独特,我们必须谈及智力迟钝者的"世界"(就像研究儿童或

---

[1] 克利福德·格尔茨(Clifford Geertz, 1926—2006),美国人类学家,解释人类学的提出者。

[2] 让·皮亚杰(Jean Piaget, 1896—1980),瑞士知名心理学家。创立发生认识论。

[3] 克洛德·列维-斯特劳斯(Claude Lévi-Strauss, 1908—2009),法国著名的社会人类学家、哲学家,法兰西科学院院士,结构主义人类学创始人。代表作品有《忧郁的热带》《野性的思维》等。

[4] 鲁利亚的早期工作都集中在这三个相关的领域,比如他在中亚的原始部落实地观察儿童,在缺陷学研究所进行研究,这些工作让他开始了对人类想象力的终身探索。——作者注

野蛮人的"世界"那样）。

描述这种特质，最合适的词是"具体性"，他们的世界生动而热烈，充满细节，同时又很简单，这正是因为它很具体：不会因为抽象概念而变得复杂，或被淡化或统一。

具体性会颠倒或毁灭事物的自然秩序，常被神经学家视为可悲的事物，它很不连贯，是一种倒退，不值得研究。库特·戈尔德施泰因是他那一代最伟大的系统学者，他认为心灵和人类的光芒，完全在于抽象性和分类能力，而任何大脑损伤都会让人失去这种高层次的能力，陷入非人类的沼泽地——具体性当中。如果一个人不再拥有"抽象和分类态度"（戈尔德施泰因），或"命题思维"（休林斯·杰克逊），他就不再是人类，失去了存在的意义。

我认为这种看法是错位的，因为具体性是基础，它让现实"真实"存在，成为活的、有个性和意义的事物。如果具体性不再存在，这一切都不再存在。《错把妻子当帽子》中的 P 博士，几乎成了火星人，这就是因为他（与戈尔德施泰因说的恰好相反）失去了具体性，只有抽象性。

大脑损伤依然保有具象思考的能力，这更容易理解，也更自然。在大脑损伤的案例中，具象能力不会倒退，而会被保存，这样患者能保有基本的个性、自我和人性，仍然作为"人"而存在。

我们在札兹斯基身上看到了这一点，他是"世界破碎的人"，不能抽象思考和提出建议，但他仍然是一个人，实实在在的人，拥有道德感和丰富的想象力。虽然鲁利亚似乎支持休林斯·杰克逊和戈尔德施泰因的理论，但同时也推翻了他们理论的重要性。他笔下的札兹斯基并不软弱，不是杰克逊或戈尔德施泰因时代的遗物，而是一个完全成熟的人，完全保留了情感和想象力，这方面甚至比别人更强。尽管书名如此，但他的世界并没有"破碎"，只是缺乏统一的抽象概念，但是有丰富、深刻和具体的现实世界。

我相信这一切对智力迟钝者也是一样，更重要的是，他们从一开始就很单纯，不知道抽象性，也不被它们迷惑，他们一直以来都直接地体验现实，对具体性的感受强烈至极，几乎是压倒性的。

我们进入了充满魅力和悖论的领域，一切以模糊的"具体性"为中心。尤其是作为医生、治疗师、教师和科学家，我们受到邀请，实际上是被迫对具体性进行探索。这就是鲁利亚所说的"浪漫科学"。他写过两部伟大的临床传记，或称为"小说"，可以说是对具体性的探索：札兹斯基大脑损伤，面对现实时仍然有具象能力；记忆专家的"超脑"夸大了具体性，失去了现实。

古典科学对研究具体性没有用处，因为神经学和精神病学理论认为具体性不值一提。一门"浪漫"的科学才能充分重视具体性，欣赏它的非凡力量……和危险；而在智力迟钝者身上，我们能直接看到具体性，纯粹和简单的具体性，热烈得没有丝毫保留。

具体性可以打开一些领域，也可以关闭一些领域。它可以让人更加感性和深刻，充满想象力，也会让拥有具象能力的人（或受其控制的人)陷入无意义的细节中。在智力迟钝者身上,具象能力被放大了,我们能看到这两种潜在的可能。

具体想象力和记忆力增强,原本是大自然补偿概念和抽象能力方面的缺陷,但也可能朝着完全相反的方向发展:不自觉地对特定事物过度关注,视觉图像留存在脑海中的想象力和记忆力,表演者或"神童"的心智(记忆专家就有这种心智,古代人们也会过分重视对具体"记忆艺术"的培养)。马丁(第22篇)和何塞(第24篇)身上就有这种倾向,尤其是双胞胎(第23篇),由于公开表演要求,加上他们自己享受表演,爱出风头,具象能力就更加夸大了。

智力迟钝者对于具象能力的正确运用和发展,更让人感兴趣,也更人性化,但在科学研究中几乎完全没有涉及(尽管富有同理心的父母和教师立刻就注意到了)。

具体性,同样可以成为神秘、美丽和深度的载体,引领人研究情感、想象力和灵魂,和抽象概念一样充分(也许还要更丰富,格尔肖姆·绍莱姆[1]在1965年对"概念"和"象征"进行了对比,杰罗姆·布鲁纳[2]在1984年对"范例"和"叙述"进行了对比,都提出了这一观点)。具体性充满了感觉和意义,也许比抽象概念更直接。它很容易进入美学的、戏剧的、喜剧的、象征

---

[1] 格尔肖姆·绍莱姆(Gershom Scholem, 1897—1982),犹太教神秘主义的宗教史和哲学研究学派创始人。

[2] 杰罗姆·布鲁纳(Jerome Seymour Bruner, 1915—2016),美国教育心理学家,认知心理学的先驱。

的世界，也就是艺术和精神的世界，广阔而高深。因此，从概念上来说，心智不足可能是缺陷，但在具体性和象征性的理解能力上，他们可能与任何"正常"人无异。（这是科学，也是传奇故事……）克尔凯郭尔对这一点叙述得最好，他在临终前写道："平凡的人啊！"（我稍做转述）"《圣经》的象征意义是无限高深的……但与智力无关，与人们的智力高低无关。不，它对所有人开放……所有人都能理解高深的象征意义。"

一个人的智力可能非常"低"，他不能把钥匙插入门孔，更不能理解牛顿运动定律，不能理解概念的世界，但他完全能理解，也有天赋去理解具体性、象征性的世界。这是人的另一面，完全极端的一面，在马丁、何塞和双胞胎身上都有表现。他们是智力迟钝者，也是有天赋的人。

有人会说他们是特例，并不普遍。因此，这本书的最后一节从丽贝卡开始，她是一个完全"不起眼"的年轻女性，一个智障者，12年前我与她相处过，至今想起，还有温暖的感情存留。

21
丽贝卡

丽贝卡转到我们诊所的时候 19 岁，已经不再是小孩子了，但她祖母说她"在某些方面就像个小孩子"。她在街区里迷路，不太会用钥匙开门（她没办法"看到"钥匙是怎么插进门孔的，也学不会）。她分不清左右，有时衣服穿错，里面穿到外面，后面穿到前面，自己注意不到。即使她注意到了，也穿不对。她可能会花上几个小时穿衣服，结果戴错手套，或穿错鞋。她祖母说她似乎"没有空间感"。她做动作很笨拙，肢体不协调，有份报告说她"笨手笨脚"，另一份报告说她是"运动白痴"（尽管她跳舞的时候一点也不笨拙）。

她有部分先天性腭裂，说话漏风；手指短粗，指甲光秃秃的，天生畸形；视力退化，高度近视，要戴厚底眼镜；这些都是先天性疾病的症状，也造成了她脑部和心智的缺陷。她极度害羞又孤僻，觉得自己一直是"别人的笑柄"。

21 丽贝卡

但她可以与人产生温暖、深刻甚至热烈的情感联系。她3岁时父母双亡成了孤儿,那时起就由祖母抚养长大,她深爱祖母。她也很喜欢大自然,如果有人带她去城市公园和植物园,她会在那里开心地待上好几个小时。她没有办法阅读(尽管她十分努力),但她很喜欢听故事,会恳求祖母或其他人读书给她听。祖母说:"她特别想听故事。"幸运的是,祖母喜欢读故事,声音动听,给她读故事和诗歌的时候,丽贝卡会沉醉其中。丽贝卡内心深处似乎有急切的需求,对她的心灵来说,这是一种必要的滋养,一种现实。自然很美,却没有声音,对她来说不够,她想要用语言描述重新认识这个世界。她能理解艰深的诗歌所运用的隐喻和象征,却不能完成简单的任务和指令,二者形成了鲜明的对比。感受性的具体语言、意象和象征构成了她爱的世界,她也能轻松地进入这个世界。她不明白概念(和命题),但对诗意的语言驾轻就熟,她跌跌撞撞地成了一个"原始的"、天然的诗人,令人感动。时不时地,她会自然地运用隐喻、比喻和相似的事物,效果十分惊人,令人无法预料,是突然之间的诗意迸发。祖母虔诚而平静,丽贝卡和她一样:她喜欢安息日的烛光,喜欢犹太人整天的祷告;她喜欢去犹太教堂,在那里大家爱她(把她看作上帝的孩子,无辜的人,神圣的傻瓜);她能完全理解仪式、圣歌、祷言和宗教象征,所有东正教仪式的组成部分。她能做到这些,接触到这些,也很喜欢这些与宗教相关的事物,尽管她在知觉和时空上有严重的问题,每种思维能力都有重大缺陷,即使是最简单的计算她都做不到,也学不会阅读或写作,智商测试的平均成绩都是 60 分或以下（尽管语言部分的成绩比计算部分高很多）。

因此，19 年来在大家眼中，她智力上有缺陷，别人叫她"傻瓜"，但她有一种诗意的力量，令人意外，但又不可思议地感动人心。从表面上看，她确实有很多缺陷，给她带来了强烈的挫败感和烦恼；在这个层面上，她在心智上是残缺的，她自己也这么觉得，毕竟别人毫不费力、轻松愉快地学会技能，她却做不到。但在更深的层面上，人们感觉不到她的缺陷，反而感到平静和完美。她活得充分，是一个深刻而高尚的灵魂，与其他人平等。在智力上，丽贝卡觉得自己有缺陷，但在精神上，她觉得自己十分完整。

我第一次看到她时，她做事粗鲁、笨手笨脚，在我眼中她是一次"事故"，一个破碎的生命。我可以找出她的神经系统损伤之处，精确地分析：严重的失用症和失认症，感觉运动神经受到严重损伤，功能崩溃，心智和概念体系受限（根据皮亚杰的标准），智力大约相当于 8 岁孩子。我告诉自己，她是个可怜人，也许她有奇异的语言天赋，但这也是"微不足道的技能"，仅仅是大脑皮质的边缘功能，而根据皮亚杰体系的标准，她的心智已经大部分受损。

我第二次见到她，情形完全不同了。我没有让她进行测试，没有在诊所里"评估"她。那是一个可爱的春天，诊所还有几分钟开门，我在外面散步，看到丽贝卡坐在长椅上，静静地看着 4 月的树叶，看起来很高兴。之前让我印象深刻的笨拙姿势，现在完全消失了。她坐在那里，穿着浅色的裙子，表情平静，微微笑着，让人想起契诃夫笔下的少女：伊琳娜、阿妮娅、索妮娅、妮娜，背景是契诃夫的樱桃园。她就像任何一位享受美丽春日的少女。我作为一个普通人这样评价，而不是作为一个神经科医生。

我走近她，她听到了脚步声，转过身来，给了我一个灿烂的微笑，无声地打着手势，似乎在说："看看这个世界，多美啊！"然后，她忽然诗意迸发，说出一串杰克逊式的古怪的词："春天""诞生""成长""萌动""苏醒""季节""万物有时"。我竟然联想到了《传道书》："普天之下，万物有时。生也有时，死也有时；种也有时，栽也有时……"她用破碎的词语表达了同样的内容，对季节和时间的看法，就像传道者一样。我心想："她是白痴传道者。"我认为她既是智力迟钝者，又是象征主义者，这两种评价彼此碰撞，融合在一起。她在这个测试中表现惊人，某种意义上，这个测试像其他所有神经学和心理学测试一样，目的不仅是发现和指出她的缺陷，更是将她分成天赋和缺陷两部分。在正式的测试中，她是极度破碎的，但现在她又神秘地"重组为整体"，十分完整。

为什么她以前是破碎的，现在却重新成为完整的人？我强烈地感觉到，在她身上有两种完全不同的思维模式，她可以用两种不同的方式存在。第一种是流程化的，模式观察、解决问题，她接受了这种测试，结果是她有严重缺陷和不足。但是，测试仅仅关注了她的缺陷，没有提供其他信息，除了缺陷，她还有什么？

测试表明她身上没有积极的力量，她没有感知现实世界（自然的，也许还有想象力的世界）的能力，那是一个连贯、清晰而又诗意的世界。她不能观察和思考；之前的测试也没有关于她内心世界的信息，而那里显然是完整连贯的，不是一系列的问题或任务就能触及。

但是，什么情况下，她才能成为一个完整的个体呢（显然不是流程化的东西）？我想到她喜欢听故事，喜欢连贯的叙事。我想，我面前这个女孩既有魅力，又有智力缺陷，无法按照普通人的方式进行认知，有没有可能，通过叙事（或戏剧）模式而不是流程模式，她能将破碎的世界整合起来，变得连贯？流程模式由于她的智力缺陷根本无法发挥作用。我思考的时候，想起了她跳舞的样子，协调连贯，一点也不笨拙。

我看到她在长椅上享受自然景色，这景色几乎是神圣的，我更加强烈地感到我们的测试方法、我们的"评估"不充分，它只有问题和流程，给出的结果只有缺陷，没有能力。我们也要了解一个人在音乐、语言、戏剧方面的能力，观察人在自然状态下的样子。

我觉得，丽贝卡可以在"叙事性"的世界活着，她没有缺陷，是一个完整的人。这非常重要，因为人们不再用流程模式和它的评估方式，而是用完全不同的方式看待她和她的潜能。

幸运的是，我碰巧看到了丽贝卡的另一种模式，在她身上，有一种模式是心智缺陷无法治愈，另一种模式则充满希望和潜力。而她是我们诊所第一批患者之一。我在她身上看到的东西，她向我展示的东西，我现在在其他病人身上都看到了。

21 丽贝卡

我越观察她,就越觉得她深刻。也许是她越来越多地展示自己,也许是我开始尊重她的深刻。她的深刻不完全是快乐的,没有深层的事物是快乐的,但在这一年的大部分时间里,它们主要是快乐的。

11月她的祖母去世了,4月她还是轻松快乐的,现在却沉浸在深深的悲痛和黑暗中。她深陷痛苦,但仍然维持了尊严。尊严是伦理上的深度,让她变成了一个严肃的人,与我之前留意到的轻松诗意的她形成了鲜明的对比。

我一听到这个消息就去探望她,她的房子现在空荡荡的。她在小房间里接待了我,很有尊严,但很悲伤。她又一次说出了"杰克逊式"的诗意语言,简短地表达了悲痛和哀叹:"她为什么要走?"她哭着,接着说:"我是为我自己哭,不是为她。"隔了一会儿,她又说:"奶奶很好,她去了长眠之家。"长眠之家!这是她自己想出来的意象,还是无意识地回忆《传道书》的内容?她蜷缩着,哭着说:"我好冷。外面不是冬天,可里面是冬天,像死亡一样冷。她是我的一部分,我的一部分跟她一起死了。"

她在哀伤中是一个完整的人,我完全感觉不到她有"心智缺陷"。半小时后,她缓过来,恢复了一部分温暖与力量,她说:"现在是冬天,我觉得自己死了。但我知道春天还会来。"

悲伤很缓慢,但终会过去,丽贝卡在最痛苦的时候也知道这一点。有位富有同情心的姑婆搬进来和她一起住,是她祖母的妹妹,给了她很多帮助和支持。犹太教堂和宗教团体也帮了她很多,为她举办了"守丧"的仪式,她失去了亲人,作为丧主进行哀悼。她能自如地与我交谈，也许这也缓和了她的悲伤。有趣的是，她还做了一些很生动的梦，这些梦给她力量，还清楚地告诉她悲伤退去的各个阶段。

我记得 4 月的她像契诃夫笔下的妮娜一样，沐浴在阳光下，也记得 11 月那段黑暗的日子，她站在皇后区荒凉的墓地里，在祖母的坟前用意第绪语悼念，她悲伤的模样还历历在目。她喜欢祈祷词和《圣经》故事，这与她生活中快乐浪漫、"幸福"的一面有关。现在，在葬礼祈祷词和 103 篇赞美诗中，尤其是在意第绪语中，她找到了表达安慰和感叹的词句，对她来说，它们是唯一正确的表达。

这几个月里（我 4 月第一次见到她，到 11 月她祖母去世），丽贝卡和所有"患者"（这个讨厌的词当时很时髦，据说比"病人"更有尊严）一样，被迫参加各种研讨会和课程，这是我们的项目"发展和认知驱动"的一部分（这些在当时也是"流行"术语）。

这对丽贝卡没用，对大部分病人都没用。我觉得这么做不对，这只能让他们面对自己的缺陷，他们人生中已经面对得足够多了，对他们毫无帮助，并且堪称残忍。

丽贝卡让我第一次意识到，我们过于关注病人的缺陷，对于他们身上还保有的完整能力关注得太少。用术语来说，我们太关注"缺陷学"，太不关注"叙事学"，即研究具体性的科学，人们很需要它，却一直不受重视。

丽贝卡自己就是一个具体的例子，明确了两种完全不同、完全独立的思想和心智的模式,"流程型"和"叙事型"(布鲁纳的说法)。虽然两者都是人类心智发展的自然方式,但叙事先出现,精神上是优先的。小孩子喜欢听故事,他们能理解故事里的复杂事物,却理解不了一般概念和范例。正是这种叙事或象征的力量让人们感知世界——用象征和故事的想象形式,来表现具体的现实,这是抽象思维做不到的。小孩子理解欧几里得之前,就先懂得了《圣经》。不是因为《圣经》更简单(事实可能是《圣经》更难),而是因为它运用了象征和叙事。

在这种层面上,19岁的丽贝卡就像她祖母说的那样,"就像个小孩子"。像,但并不是,她是个成年人。("智力迟缓"表明她持续处于孩子的状态,"精神缺陷"表明她是有缺陷的成年人;这两个词和概念,既有道理,又有错误。)

她和其他一部分缺陷者可以发展自己的才能,并受到鼓励,在情感、叙事和象征方面的天赋可能会变得很强、很丰富,可能会出现天生的诗人(如丽贝卡)或艺术家(如何塞)。而他们在范例或概念方面的才能,一开始就很弱,即使经过缓慢而痛苦的训练也不能充分发展。

丽贝卡完全明白这件事,就在我见到她的第一天,她就表现出来了。当时她说她很笨拙,但在音乐中就会变得有条有理、十分流畅。她向我展示,在自然情况下,在有机的、审美的和戏剧意义统一的环境下,她如何成为完整的人。

她祖母去世后,她突然明确了自己的想法,变得很果断。她说:"我不想再上课和参加研讨会了,它们完全没有用,不能让

我成为一个完整的人。"尽管她智力不高,但她运用隐喻的能力很强,我非常欣赏。她低头看着办公室的地毯说:

"我像一块活着的地毯。就像你的地毯一样,我需要图案和设计,如果没有,我就会破碎。"

她说这句话时,我低头看了看地毯,想到了谢灵顿那个有名的意象,把大脑或心智比作"魔法织布机",它织出的图案不断破碎,但总是有意义。我想:可能存在一块没有设计的地毯吗?可能存在有设计而没有地毯的情况吗(听起来像《爱丽丝梦游仙境》中,只看到柴郡猫的微笑,却看不见猫)?一块"活"的地毯必须同时既有设计又有本体,就像丽贝卡一样,尤其是她缺乏结构(可以说是编织地毯的经线和纬线),如果没有设计(地毯的图案或表现),可能就会破碎。

她继续说:"我必须有意义,上课、打零工都没有意义……我真正喜欢的,"她用渴望的语气补充道,"是剧院。"

我们告诉她不用再去上她讨厌的研讨会,让她参加一个特殊的戏剧小组。她很喜欢这个安排,这让她变得完整。她表现得很好,成了完整的人,扮演每个角色时都很有风度、言行流畅。现在戏剧已经占据了她所有的时间,如果人们看到她在舞台上表演,根本不会觉得她有精神缺陷。

后记

音乐、叙事和戏剧的力量在理论和实践层面都有重大意义，人们甚至可以从智商低于 20、几乎没有运动能力和迷茫不懂事的智力迟钝者身上看到效果。有音乐和舞蹈的时候，他们笨拙的动作可能立刻消失了，有了音乐，他们突然知道该怎么动作。我们看到，只要四五个动作就能完成的简单任务，智力迟钝者都无法完成，但有了音乐，他们就能完美地完成任务。他们掌握不了任务要求的一系列动作，但配合音乐之后，就能完成得很好。同样的情况也可以在额叶严重受伤的病人和失用症病人身上看到，他们的智力没有缺陷，但他们没有办法"做"事，不能做最简单的连续动作，甚至无法行走。人们认为这是动作上的缺陷，任何普通的康复系统都不起作用，但在音乐的指导下，问题会立刻消失。毫无疑问，这些都是音乐治疗的依据，或依据之一。

从根本上说，我们看到的是音乐的凝聚力，而且在抽象或流程化的组织方式失效时，音乐会起作用（并且让病人快乐！）。事实上，其他组织形式不起作用的时候，音乐治疗的作用特别戏剧性。因此，音乐或任何其他形式的叙事，在与智力迟钝者或精神性失用症患者打交道时，是必不可少的，对他们进行教育或治疗，必须以音乐或类似的方法为中心。戏剧有更多效果，角色的力量帮助病人整理自己，持续作用下会改变整个人格。进行表演，甚至成为角色本身，是人类生命中的一种"天赋"，与智力差异毫无关系。人们在婴儿身上能看到这一点，在老年人身上也能看到，而在这个世界，在每一个和丽贝卡一样的人身上，最为深刻。

22
行走的音乐词典

马丁·A.先生61岁了，因患帕金森病丧失自理能力，于1983年底入住我们的老年之家。幼儿时期他患上了几乎致命的脑膜炎，智力发育迟缓，行为冲动，癫痫发作，侧身痉挛。他没上过几天学，却接受了非凡的音乐教育——他的父亲是美国大都会歌剧院的著名歌唱家。

他一直跟父母住在一起，父母去世后，他靠着做信差、搬运工和快餐店厨师的工作勉强维持生计。能做的他都做了，但因为行动迟缓，总是心不在焉，或者是能力不足，他总是很快就被解雇。不出意外的话，他将过上沉闷灰暗的生活。然而惊喜的是，马丁有着非凡的音乐天赋和鉴赏能力，音乐带给他的快乐改变了一切。

在音乐方面，他有着惊人的记忆力。他告诉我："我知道两千多部歌剧。"尽管他从未学过乐理，也并不识谱。没人知道这到底可不可能，但他一直都靠着异于常人的听力，只听一遍就能记住一部歌剧或一部清唱剧。可惜他的嗓音无法媲美耳朵，虽然可以哼出优美旋律，但音色粗哑生硬，常伴有发音困难。他与生俱来的音乐天赋，似乎免于脑膜炎的摧残。但事实真的是这样吗？若不是大脑损伤，他会不会成为又一个卡鲁索[1]？又或者，他的音乐才能是否在一定程度上补偿了他受损的大脑和智力的局限？我们无法知道了。唯一可以确定的是，智力发育迟缓的马丁得到了父亲温柔慈爱的照顾，而他不仅继承了父亲的音乐基因，也继承了父亲对于音乐的热忱。尽管马丁迟钝又笨拙，马丁的父亲仍然深爱自己的孩子，而马丁也深爱自己的父亲。这份爱因为他们共同的对音乐的热爱而更加牢固。

马丁一生最大的遗憾，是他不能追随父亲的脚步，成为闻名遐迩的歌剧演唱家。但他对此并没有执念，而是在力所能及的范围内发现并为他人制造快乐。他的记忆力非常好，甚至超越了音乐本身，表演细节也囊括其中，连知名人士都会向他咨询。他享有"行走的百科全书"的美誉，不仅熟知两千多部歌剧，还知道在无数次演出中担任其中角色的演员，以及场景、舞台、服装和装饰的所有细节。（他对纽约有着逐街逐户的了解，所有公交和列车的线路他都一清二楚，对此他十分自豪。）可以说，他不仅是个歌剧迷，也是一个天才傻子。他能从中获得一种孩子般的快

---

[1] 恩里科·卡鲁索（Enrico Caruso, 1873—1921），意大利著名男高音歌唱家。

乐，甚至是一种怪胎的快乐。但是真正的快乐，真正支撑着生活走下去的快乐，来自他参加的音乐活动，在本地教堂的唱诗班里唱歌。令他伤心的是，因为有发音困难，他无法独唱。但是参与合唱的快乐也是无与伦比的，尤其当他在复活节和圣诞节的大型活动上唱起《约翰和马太受难曲》《圣诞清唱剧》和《弥赛亚》。他唱了50年，从男孩唱到男人，唱遍了整座城的大教堂。他还登上过大都会歌剧院的舞台，而在大都会歌剧院拆掉重建之时，他还毫不起眼地藏在瓦格纳和威尔第的大型合唱团中，奉献了自己的演出。

每逢放声歌唱的时刻，马丁便会沉浸在音乐的世界里自在遨游，完全忘记自己是一个"弱智"，也完全忘记糟糕的经历和悲伤的往事。他感到被一个巨大的空间包围，而自己是一个真正的人，真正的神选之子。

马丁的内心世界是怎样的呢？他对于整个世界知之甚少，生活常识寥寥无几，他也并无兴趣了解。如果把百科全书或者报纸的一页读给他听，或是把亚洲的河流地图或纽约的地铁线路图拿给他看，他很快就能分毫不差地记下来。但他自己跟头脑中这些清晰的记忆并无关联，用哲学家理查德·沃尔海姆[①]的话来说，这些记忆是去中心化的，里面没有他自己，也没有任何人或物。这些记忆并没有情绪，跟一张纽约街道地图别无两样，各个记忆

[①]理查德·沃尔海姆（Richard Wollheim，1923—2003），当代英国著名的分析哲学家与美学家。

之间也不会相互联系、产生分支或整体汇总。虽然他记忆力超群，但这有点诡异的能力并没有让他形成"世界"这一概念。他的记忆没有统一性，没有个人感受，没有自我意识。它是生理性的，像一个记忆中心或记忆银行，而不是一个真正活着的人的个人记忆。

但例外还是有的，而且不仅是例外，也是他最宏大、最私人也最虔诚的记忆。马丁对1954年出版的九卷本《格罗夫音乐及音乐家词典》烂熟于心，是名副其实的"行走的格罗夫词典"。马丁的父亲当时年事已高，身体欠佳，不再活跃于歌坛，大部分时间都在家里待着，用留声机播放他收藏的唱片，跟自己已经30岁的儿子一起边听边唱。这是他们一生中跟彼此交流最亲密深情的时刻。马丁的父亲还会大声读出格罗夫词典上的内容，读遍了词典的整整6000页。而这给他记忆超群但文盲的儿子留下了不可磨灭的烙印。从此，格罗夫词典就以父亲声音的形式留在马丁的脑海中，每每记起，他便能回想起与父亲相处的情景。

这种惊人的超常记忆，尤其是在经过专业的开发过后，有时候会取代真实的自我，或者与真实自我相冲突，阻碍真实自我的发展。如果这种记忆没有深度也没有情绪，那么它也就没有痛苦，因此它可以用来逃避现实。鲁利亚《记忆大师》一书的最后一章对这种现象进行了辛酸的描写。而这种现象显然在一定程度上发生在马丁·A.、患自闭症的何塞和患精神病的双胞胎身上，但在每个案例中，这种超常记忆也被用于现实，甚至是超现实，即对世界特殊、强烈和神秘的感知。

在惊人的超常记忆之外,他的世界是怎样的呢?是狭小、肮脏和黑暗的,一个智力迟钝者的世界。他从小被嘲笑和排挤,长大后只能做低级的工作,却又常常被无情解雇。他极少感受到自我,或是被看作是一个真正意义上的男孩或男人。

他常常很孩子气,有时还有点居心不良,喜欢突然发脾气,说的话也很幼稚。"我要把泥巴扔你脸上!"我有一次听到他这样喊。偶尔他会吐口水甚至对人大打出手。他还会抽鼻子,脏乎乎的,然后把鼻涕擤到袖子上,模样就像一个乱流鼻涕的小孩子。这些孩子气的习性,加上他爱炫耀的恼人毛病,让他很不受人待见。很快他就成了老年之家最不受欢迎的那个人,很多院友都会刻意回避他。眼看着马丁每周甚至每天都在退化,一场危机正在形成,起初没有人知道该怎么应对。一开始,大家把这一切归结于"适应困难",就像所有病人放弃独立生活入住医院后开始经历的那样。但是院里护士觉得有更具体的原因。"有什么东西在折磨着他,一种饥饿感,一种我们无法平息的饥饿感,这种感觉正在摧毁他,"她继续说道,"我们必须做点什么。"

等到了1月,我第二次见到马丁,发现他完全变了一个人:不再像以前那样狂妄自大,而是陷入到一种望而不得的悲伤,遭受着精神和肉体的双重痛苦。

"怎么了?"我问他,"出什么问题了?"

"我必须得唱歌,"他声音嘶哑,"不唱歌我活不下去。不仅仅没了音乐,不唱歌的话我还无法祈祷。"突然间,过去的记忆一闪而过："音乐，对于巴赫来说，是膜拜上帝的工具。格罗夫词典，巴赫篇，第 304 页……"他语气柔和，若有所思，"我没有任何一个周日不是在教堂唱诗班里唱歌的。我第一次去教堂，是跟我父亲一起，那时我刚刚学会走路。他 1955 年去世之后，我还是每周末都去教堂唱歌。我得去唱歌。"他情绪激动了起来，"如果去不了，这和把我杀了没什么区别。"

"去吧，"我说，"我们不知道你在想念这个。"

教堂离老年之家不远，而马丁得到了热烈的欢迎，不仅是作为教堂会众和唱诗班的忠实成员，也是作为唱诗班的智囊和顾问，在他之前，这个角色是由他的父亲担当。

回归教堂让马丁的生活发生了翻天覆地的变化。他觉得自己又回到了合适的位置。他能唱歌了，能参加礼拜了，能每个周末都沉浸在巴赫的音乐里了，与此同时他还能够享受到不怒自威的待遇。

"你看，"我下一次去看他的时候，他心平气和地跟我讲话，毫无狂妄之意，"教堂的人知道我知道巴赫所有的礼拜仪式和合唱音乐。我知道所有的教堂大合唱，格罗夫词典里列的 202 首我全都知道，以及分别应该在哪个周日和圣日演唱。我们是教区内唯一一间拥有真正的管弦乐队和唱诗班的教堂，唯一一间定期演唱巴赫声乐作品的教堂。我们每周日都有大合唱。今年复活节我们要唱《马太受难曲》！"

马丁作为一个智力迟钝者，竟然对巴赫有着如此这般热忱，我觉得惊讶，也深受感动。巴赫是如此聪慧，而马丁是如此愚钝。直到我开始给他带大合唱和《圣母颂》的磁带听，我才意识到，尽管马丁智力发展有限，但他音乐上的才智发展得足够充分，巴赫音乐中大部分的技术性复杂结构他都能够欣赏。不止如此，本质上来说，这根本不是智力问题。巴赫为他而生，他也生活在巴赫的音乐之中。

马丁确实有"反常"的音乐才能，但是这种才能只有脱离了自然正确的语境才会显得反常。

对马丁来说最重要的，以及对马丁的父亲来说最重要的，也是父子俩共同拥有的，始终是音乐的精神，尤指宗教音乐，而嗓音作为一个神圣的工具，被授予歌颂赞扬和自我提高的使命。

回教堂唱歌、做礼拜之后，马丁完全变了一个人。他恢复状态，重新振作，做回了真正的自己。那个冒牌的他，那个受尽侮辱的"智障"、唾沫横飞的孩童消失了；与之一同消失的是他恼人的、冷酷的、机械的超常记忆。一个真正的人重新出现，他富有尊严、真诚体面，受到居民的尊重和爱戴。

但是真正令人叹为观止的，是马丁真正唱歌，或者说与音乐情感交融时的样子。他倾注了近似癫狂的专注，全身心地投入到音乐当中。在这种时刻，同表演时的丽贝卡、画画时的何塞和计算时的双胞胎一样，马丁改变了。缺陷和疾病消失不见，取而代之的是专注与活力，完整和健康。

后记

我写的上面这篇以及后面的两篇短文，完全是出自个人经历，对这个主题的相关文献我一无所知，更不知道这个主题下的文献数不胜数（比如刘易斯·希尔1974年的文献足足引用了52篇文献）。《孪生数学天才》首次出版后，我几乎被寄来的信件和报刊淹没，直到这时，我才开始对这个领域有了初步的了解，发现其中的故事往往莫名其妙，却又引人入胜。

我的注意力被戴维·维斯考特1970年的一篇美丽而详细的案例吸引了。马丁和这篇案例中的病人哈丽雅特·G.有很多相似点。他们俩都有非凡的能力，这种能力都既有"去中心化"、消极克制的特点，也有积极向上、创意十足的一面：哈丽雅特的父亲把波士顿电话簿前三页的号码读给她听，她立马就记住了，并且在之后的很多年里仍然可以答出其中的号码；而另一方面，她还具备一种全然不同的富有创造力的行为模式，她可以以任何一位作曲家的风格作曲甚至即兴创作。

可以清楚看到的是，就像下一篇的双胞胎一样，哈丽雅特和马丁都能够做到典型的天才傻子式的机械动作，惊为天人但又毫无意义；但这二人和双胞胎一样，在脱离了机械动作后表现出对于美和秩序的一贯追求。尽管马丁对随机的、无意义的事实有着惊人的记忆力，但他真正的乐趣来自秩序和条理，无论是大合唱的音乐秩序和精神秩序，还是格罗夫词典的百科全书式秩序。巴赫和格罗夫都构建出了一个世界。事实上，跟维斯考特的病人一样，马丁除了音乐之外没有别的世界，但这个音乐世界是一个真实的世界，使他变得真实，让他获得转变。马丁的这种特质是很了不起的，而哈丽雅特·G.亦是如此：

> 当我邀请她在波士顿州立医院的研讨会上表演时，这位笨拙局促、毫不优雅、永远像个5岁孩子的女士，发生了翻天覆地的变化。她端庄地坐下来，静静地盯着键盘，直到我们都安静下来，然后她才慢慢地把手抬到键盘上，让手放松一会儿。她点了点头，开始了演奏，其架势跟专业的演奏家别无两样。从那一刻起，她变成了另一个人。

人们提起天才傻子或低能特才，总是觉得他们有奇怪的诀窍或机械性的天赋，唯独没有真正的才智和领悟力。我最开始对于马丁就是这种看法，直到我给他带去了《圣母颂》的磁带，这种看法才终止，我才清楚地明白马丁理解透彻了整部复杂的作品，而这远不止掌握小诀窍或死记硬背那么简单，这是真正的非凡的音乐才智。因此，在本书首次出版后，我很高兴收到L.K.米勒的一篇名为《一位发育障碍的音乐天才对音调结构的敏感性》的文章,文章写得十分精彩。文章里说,对于那位因患母体风疹而在精神等多方面出现残障的5岁神童,细致的研究已经表明,她并不是机械性的死记硬背,而是对作曲规则有着非凡的敏感性,尤其是不同音符在决定调性结构中的作用,这意味着她对创作意义上的结构规则有自己的了解;也就是说,她所了解的规则并不局限于特定经历和特定案例。我确信,马丁也是如此。人们也一定想知道,是否所有的天才傻子都是这样的情况:他们在音乐、数字、图形等特定领域,真正拥有创造性的才智,而不仅仅是机械性的诀窍。马丁、何塞和双胞胎都是真正有才智的,尽管这种才智只在某一限定而特殊的领域里发挥,但它依然应当被认可和培养。

23
孪生数学天才

1966年，我在州立医院第一次见到约翰和迈克尔这对双胞胎，他们当时已经声名远扬了。他们上过广播和电视，获得过科学报告和科普文章的详细报道。我甚至怀疑，他们成了科幻小说的主人公，内容有点"虚构"，但跟已公开报道中的描述基本一致。[1]

这对双胞胎彼时已经26岁了，他们7岁被送进收容所，先后被诊断为自闭症、精神病或重度智力迟钝。大部分资料对他们的总结是，跟所有天才傻子一样，"他们并没有什么了不起的地方"，只是对个人经历中微乎其微的细节，有着无比翔实的"数据性"记忆，以及能够用一种连自己都不曾察觉的日历算法，立马算出过去或未来的某一天是周几。这是史蒂文·史密斯在他全面而富有想象力的书作《伟大的大脑计算器》中的观点。据我所

---

[1] 参见罗伯特·西尔弗伯格的小说《荆棘》。——作者注

知，20世纪60年代中期之后，就再没有关于这对双胞胎的深入研究了，他们所引起的短暂兴趣，很快就被显而易见的"解释"浇灭了。

但我认为，先前的调查员用模式化的方法认识这对双胞胎，问着老一套的问题，只注重一个又一个"任务"，这样的调查方法难免会产生误解，结果往往把他们的心理状态、办事方法和日常生活都贬得一无是处。

现实比这些调查研究要奇怪得多、复杂得多、难以言喻得多，绝非强势的规范"测试"和"60分钟"类的常规采访可以挖掘出来的。

不是说所有的调查研究和电视节目都是"错的"，它们本身有合理性，也具备参考价值，但它们局限于显而易见的、可测试的"表面"，没有深入挖掘——甚至不去暗示，或是猜测表象之下还有更深刻的原因。

除非停止测试双胞胎，不再把他们当成"考察对象"，我们是不会想到任何深刻的结论的。我们必须按捺住限定和测试的冲动去真正认识这对双胞胎，坦率、安静、不加预设地观察他们，秉持着富有同情心的宽阔胸襟，用现象学的方法，注视着他们安静地生活、思考、跟他人互动，自发以自己独特的方式追求生活。然后我们会发现，有一种极其神秘的东西在发挥作用，可能有一种根本性的力量与深度，认识他们18年来，我始终没能揭开谜底。

他们一开始确实不讨人喜欢。一对怪诞的双胞胎,两人仿佛镜面翻转,难以区分,脸、动作、性格和思想都一模一样,都是脑部与组织受到损伤。他们身材矮小,头部和手部比例失调,上腭高翘,脚背拱起,声音单调尖锐,有各种怪异的抽搐和小动作,眼睛高度退化性近视,需要戴镜片很厚的眼镜,眼球因此突出变形,看起来像古怪的小教授,以一种错位的、痴迷的、怪诞的专注四处端详、指指点点。一旦有人开始测验他们,或者让他们像哑剧木偶般,开始他们习惯的"例行公事"的行为,这种印象就会得到加深。

他们的这副样子,就是刊登在报刊上、展现在舞台上的样子——他们往往是我工作的医院的年度晚会上的重头戏,他们也经常出现在电视上,一出演便相当尴尬。

在这些场合里,他们的表演千篇一律。双胞胎会说:"给我们一个日期,过去和未来四万年里的任何一天都行。"你说出一个日期,然后他们立刻就能说出那一天是周几。"再说一个日期!"他们高喊,之后就是重复的表演。他们还会告诉你八万年当中每个复活节的日期。尽管相关报告中鲜有提起,但有人可能会观察到,他们在心算日期的时候,眼球会以一种奇怪的方式转动和定住,就像是在展开或在仔细审视内心里的一幅景观,一个心理日历。他们有一种"看"的神情,目光灼灼,尽管调查结果表明这种技能就是纯粹的计算。

他们记忆数字的能力极其惊人,而且潜力无限。对他们来说,重复三位数、十三位数和三百位数,都是一样的简单,而这也被归因于一种"方法"。

但是,当大家测试他们的计算能力,以为会看到算术天才和"大脑计算器"所具备的典型特长时,却震惊地发现双胞胎的算术能力非常差劲,简直就是智商60的人会有的水平。他们无法精确地计算简单的加减法,甚至不理解何为乘除。这是什么情况:"计算器"不会计算,甚至缺乏最基本的算术能力?

然而他们却被称作"日历计算器",人们毫无根据地推断并接受,双胞胎的这种本领绝不是记忆,而是无意识地使用了一种计算日期的算法。想想连最伟大的数学家之一高斯[1],都难以设计出一个计算复活节日期的算法,更何况连最简单的算术能力都没有的双胞胎了。诚然,有很多算数家有大量独属于自己的方法和算法,这可能也是W.A.霍维茨等人认为双胞胎有独属他们自己的方法的原因。史蒂文·史密斯对早期的研究深信不疑,他评价道:

> 一种平常但神秘的东西在起作用——人类在实证基础上形成无意识算法的神秘能力。

如果事情的全部就是这样,那么双胞胎的能力确实平平无奇,没什么神秘之处了,因为算法的运行,可以由计算机来完

---

[1] 卡尔·弗里德里希·高斯(Carl Friedrich Gauss, 1777—1855),德国著名数学家、物理学家、天文学家、几何学家。

成,本质上来说是机械性的,属于"问题"的范畴,而不是什么"奥秘"。

然而,他们表演的所谓"小把戏",也还是有令人吃惊的地方。他们可以说出4岁之后任何一天的天气,讲出当天发生的事情。他们讲述的方式(正如小说家罗伯特·西尔弗伯格在《荆棘》中对梅兰吉奥的刻画)既孩子气,又详细而冷漠。给他们一个日期,他们的眼球转动一会儿后定住,接着他们就用单调的声音说出当天的天气,听说过的政治事件,以及他们自己生活中发生的事,这当中既有悲惨酸楚的童年经历,亦有他们遭受的蔑视、嘲笑和屈辱。而这一切,都是以毫无波澜的声调讲述出来的,丝毫不见个人情感色彩。显然,这些记忆如"纪录片"一般,没有个人观点,不与个人关联,没有生活中心。

可以说,个人的情感和牵连,已经以一种防御性的手段编辑掉了,这种防御姿态在强迫症和精神分裂症患者身上很常见(双胞胎毫无疑问患有强迫症和精神分裂症)。但我们同样可以说,他们的记忆本来就不带人格特征,这本就是超常记忆的本质特点,这种观点确实更可信。

需要强调的一点是,双胞胎的记忆规模显然具有无限扩张的潜力(即使是孩子气和很平庸的),而他们以此检索记忆的方式也无比强大。这一点学者并没有进行充分的讨论,但对于准备好大吃一惊的天真听众来说却明显得很。如果你问他们是怎么在大脑中记住这么多东西的,比如300位的数字,40年里发生的无数件事情,他们会简单地说:"我们看得见。"而"看见""可视化",

并且高强度、无边界、高保真，似乎是这一切的关键。这似乎是他们头脑中的原生生理能力，在某种程度上与 A.R. 鲁利亚在《记忆大师的心灵》中描述的著名病人的"看见"有相似之处，不过双胞胎可能缺乏丰富的联觉，也不似记忆学家的有意识组织。但毫无疑问的是，至少在我看来，双胞胎的脑海中有一个巨大的全景，类似一种景观，里面有他们曾经听到、看到、想到或做过的所有事情，而且在一眨眼的时间里，外人看来只需短暂的眼球转动和固定，他们就能用"心灵之眼"检索和"看到"这个巨大景观中的几乎所有东西。

这种记忆能力绝非普通，但并不独特。我们不知道为什么双胞胎或其他人会有这种能力。双胞胎是否如我暗示的那样有什么深层次的兴趣？我相信是有的。

据记载，19 世纪的爱丁堡音乐教授赫伯特·奥克利爵士去到一个农场，他听见了一声猪叫后立刻喊道："升 G 调！"有人跑到钢琴前一弹，果然是升 G 调。我初见双胞胎的"自然"力量和模式，跟这个故事很类似，自然而然，（我忍不住觉得）有点滑稽可笑。

桌子上的火柴盒掉到了地上，火柴都撒了出来。"111。"双胞胎二人同时喊了出来；然后约翰喃喃低语了一句"37"。迈克尔重复了一遍，约翰重复了三次"37"然后停下。我数了数火柴，花了不少时间，一共有 111 根。

"你们怎么数得这么快？"我问道。

"我们没数，"他们俩说道，"我们看见了 111 根。"

类似的故事还有数字天才扎卡赖亚斯·达思，他也有智力发育问题，一堆豆子倒出来，他很快就能喊出"183"或"79"，并且表示自己没有数，只是在一瞬间"看见"了豆子的颗数。

"你们为什么咕哝着'37'，还重复了三遍？"我问道。他们异口同声："37，37，37，111。"

我觉得更奇怪了，他们竟然能瞬间"看到"根数111，这太厉害了，跟奥克利教授一下子听出升G调一样厉害，如同奥克利教授的绝对音感，双胞胎对数字有一种绝对敏感。但是他们更厉害的一点在于，不用任何方法，甚至不知道因子为何物，却找出了111这个数字的因子。我已经知道他们俩连最基础的运算法则都不懂，遑论理解何为乘除。但是现在他们俩自然而然地把一个数字三等分了。

"你们怎么算出来的？"我情绪有些激动。他们尽可能地遣词造句回答我的问题，词汇贫乏，语句破碎，但也许本来这种事情就无法用语言描述。他们大概的意思是说，他们没有"算出来"，只是一瞬间"看到了"。约翰伸出两根手指和大拇指做了一个手势，这似乎表明他们自然而然地将这个数字进行了三等分，或者说数字自己"裂变"成了三个相等的部分。他们似乎对我的惊讶感到惊讶，好像我是个盲人似的；而约翰的手势瞬间让我感受到了一种强烈的真实感。我对自己说，他们是否有可能以某种方式"看到了"，不是以概念的、抽象的方式，而是以某种直接的、具体的方式感知到数字的特质？而且不仅是孤立的特质，如111作为一个数字的特质，而是数字之间的关系？也许就像赫伯特·奥克利爵士可能会说的"三分之一"或"五分之一"那样。

我已经从他们"看见"事件和日期的本领上感受到,他们有能力也确实在脑海中挂了一条记忆壁毯,一幅巨大的甚至没有边界的图景,里面什么信息都看得到,不管是独立存在的还是相互连接的。他们展开杂乱无章的"纪录片"式记忆的时候,信息彼此之间是独立存在而不是相互联系的。但是这种惊人的视觉化能力,这种跟概念化截然不同的具象化能力,难道不是给了他们看透联系的能力吗,不管是形式联系、随机联系还是重要关系,如果他们一眼就能看到111这个数字的内在关联,他们是否有可能在看到数字的第一眼,就能以一种完全感性的方式识别、关联和比较数字中极其复杂的形式和特征?一种荒谬甚至致命的能力。我想起了博尔赫斯的《博闻强记的富内斯》:

> 我们能一眼看出桌子上有三个杯子;而富内斯,能看到葡萄藤上所有的叶子、卷须和水果……黑板上画的一个圆,一个直角,一个菱形——我们可以直观地看出并理解这些形状;而伊莱诺对小马杂乱的鬃毛和山上的牛群有同等程度的认知……我不知道他能看到天上多少星星。

对数字有着特殊情感和领悟力的双胞胎,能够一眼看出根数111的数字天才,他们是否能在脑海中看到一个长满了数字叶子、数字卷须和数字水果的数字"藤蔓"?这是个奇怪、荒谬甚至不可思议的想法，但是他们的表现已然足够奇怪，超出我的理解范围。而且据我理解，这也只是他们真正能力的冰山一角。

我思考这个问题，但想不出所以然。之后我忘记了这回事，直到我非常偶然地撞见了双胞胎又一次展现神奇的能力。

这一次，他们坐在角落里，脸上带着神秘莫测的微笑，这种微笑我以前从未见过。他们正享受着一种奇怪的快乐和平静。我悄悄靠近，以免打扰他们。他们似乎被锁在一种奇异的、纯粹数字的对话中。约翰会说一个数字，一个六位数的数字。迈克尔听到这个数字，点头，微笑，似乎在品味。接着迈克尔会说出另一个六位数的数字，约翰倾听，乐在其中。乍一看，他们就像两个正在品酒的鉴赏家，分享口味，交流评价。我没有被他们发现，静静地坐在那里，着迷了，困惑了。

他们在做什么？到底发生了什么？我无法理解。这也许是一种游戏，但它有一种重力和力度，一种宁静的、冥想的、近乎神圣的力度，我以前从未在任何普通的游戏中见过，我当然也从未在情绪激动、心不在焉的双胞胎身上见过。我满足地记下他们说出的数字，这些数字明显给他们带来了快乐，他们不停地在交流中"沉思"、品味和分享这些数字。

我在回家的路上想，这些数字是否有任何"真实"或普遍的意义，还是（如果有的话）仅仅是胡思乱想或私人交流，就像兄弟姐妹间编造的用于彼此交流的愚蠢的秘密"语言"？开车回家的路上，我想到了鲁利亚提到的同卵双胞胎莱莎和尤拉，她们大脑受损，语言功能区紊乱，只能用她们自己原始的、咿呀般的语言互相交流玩耍。而约翰和迈克尔一言不发，只是互相抛出数字。这些是博尔赫斯式或富内斯式的数字藤蔓，还是小马的鬃毛，还是特别的数字形式，一种只有双胞胎知道的数字暗号？

一到家，我就翻出几张幂数、因数、对数和质数的对照表。小时候我也是个数字迷，对数字有种特别的狂热，留下来的这张表便是那段怪异时期的见证。现在我的预感得到证实了。双胞胎彼此分享的所有六位数都是质数，不能被除1和自己之外的数字整除。他们是曾经像我一样看过相关的书，还是以一种我们无法想象的方式"看到"了质数，就像他们"看到"111和三个37那样？不管怎样，他们肯定没有计算，因为他们根本就不会算术。

第二天我带着珍藏的质数书回到病房，发现他们俩又沉浸在数字交流中，只是这一次，我一言不发地加入了他们。他们一开始有些吃惊，但是见我未做打扰，便继续他们六位质数的数字游戏。几分钟之后，我决定加入他们，尝试着说出了一个八位数的质数。他们俩向我转过头，突然静止不动了，看起来精神高度集中，似乎还有一些疑惑。他们停了很久，至少半分钟，我从来没见过他们停这么久。突然，他们俩同时笑了。

在经过我无法想象的验证过程后，他们突然发现我说的八位数是质数，高兴了起来；一是因为我引入了一种有趣的全新玩法，他们以前从没见过这样的质数；二是因为我看懂了他们在做什么，并且我也喜欢这个游戏，愿意加入他们。

他们稍稍坐开了一些，给我这位新加入他们世界中的玩伴腾出位置。约翰通常是起头的那个,他想了很长时间,至少五分钟,其间我一动不动,大气都不敢出。他说出了一个九位数的质数,接着他的兄弟迈克尔也花了差不多的时间,回复了他一个九位数的质数。到我了,我偷瞄了一眼书,然后装作是自己想出来的,说出了一个十位数的质数。

先前的一幕再次上演,这一次他们安静思考的时间更长了;好一番思考过后,约翰说出了一个十二位的数字。我没有办法验证,也没有办法回复,因为据我所知,我的书并没有记录十位以上的质数。但是迈克尔还是接了下去,尽管他花了五分钟才想出来。一个小时之后,双胞胎已经在交换二十位数的质数了,至少我觉得是质数,尽管是否是质数我已经无从查证。那可是在1966年,除非动用复杂精密的计算机设备,没有人可以验证那到底是不是质数。即使真的用了计算机,验证过程也将十分复杂,不管用怎样的质数筛选方法,质数的计算都绝非易事。到了这个位数的质数,已经没有简单的计算方法了,但双胞胎却可以做到。

我又一次想到多年前读到的达思的故事,F. W. H. 麦尔斯在《人的个性》中这样写道:

> 我们知道达思(可能是这类天才中最成功的一个)完全不懂数学……然而他却在十二年的时间里,做出了一张几乎所有八百万位数字的因子和质数表。在有限的生命里,几乎没有人能够不借助机器完成这样的工作。

麦尔斯总结说，达思可能是世界上唯一一个过不了艾斯桥，却能对数学做出突出贡献的人。

麦尔斯没有说清楚，或者本身就无从查明的是，达思是否利用特殊的方法制作了那张表格，或者说他是否"看到"了那些大质数，就像双胞胎那样。

我在双胞胎住的那个病区有办公室，观察他们俩很方便。我观察到他们无数次沉浸在各种数字游戏和数字交流中，这些活动的本质到底是什么，我无法确定，甚至无从猜测。

但是他们看起来是在处理"真实"的特质和属性。类似随机数这样没有规律的事物，无法给他们带来快乐。显然他们对数字有"感觉"，就像音乐家讲究音调的协调。我把双胞胎比作了音乐家，也比作了马丁（见第22篇）。尽管有智力缺陷，无法从概念上理解事物，但马丁还是在巴赫宁静恢宏的音乐世界中找到了世界的终极秩序。

"任何一个内在和谐的人，"布朗爵士[①]写道，"都会在和谐中找到快乐……和造物主的深思。这当中的神性，比耳朵所能听到的更多；是整个世界的象形课……这种和谐正是上帝耳中的智慧之声……这样的灵魂是和谐的，对音乐有着最深刻的领悟。"

在《生命的线索》一书中，理查德·沃尔海姆把计算和所谓"图像"思维做了绝对的区分，同时他也预料到这种区分会遭到

[①] 托马斯·布朗爵士（Sir Thomas Browne，1605—1682），英国医师、作家、哲学家和心理学家。

异议。

有的人可能会质疑，认为并非所有计算都是非图像的，理由是当他计算的时候，有时候会将纸面上的计算公式化作头脑中的图像。但这并不算反例，因为这个例子中出现的并不是计算本身，而是计算的一种表现形式；计算的是数字，但脑海中的图像是数字符号，符号只是代表数字而已。

而莱布尼茨[①]则对数字和音乐的关系进行了一个有趣的类比："我们从音乐中获得的乐趣来源于计算，只不过我们没有意识到。音乐不过是无意识的数学。"

到目前为止，在双胞胎以及其他人身上，我们能确认什么？作曲家恩斯特·托赫的孙子劳伦斯·韦施勒告诉我，遇到很长一串数字，托赫只听一遍便能牢记；但是他的方法是将数字"转换"为音符，他自己创作了一段跟数字相"对应"的旋律。杰德代亚·巴克斯顿，最笨拙但执着的心算家之一，对计算有着近乎病态的执念和热情（用他自己的话，他"醉于计算"），他会把音乐和戏曲"转换"为数字。"音乐播放时，"1754年的一份记录写道，"他把注意力集中在音阶上；在美妙的音乐结束之后，他说

[①] 戈特弗里德·威廉·莱布尼茨（Gottfried Wilhelm Leibniz, 1646—1716），德国哲学家、数学家，是历史上少见的通才，被誉为17世纪的亚里士多德。

这段音乐中数不清的音符令他神魂颠倒。他甚至去听加里克先生的演讲只为计算他说了多少个字，据他所说，他成功数出来了。"

这是一对恰好相反的极端案例：把数字变成音乐的音乐家和把音乐变成数字的心算家。人们很少能遇到比这更对立的思维模式了。①

对数字有着非凡"感觉"的双胞胎，却完全不会计算，在这一点上，我觉得他们不像巴克斯顿，而是比较像托赫，除了他们并没有将数字"转换"成音乐，而是以各种"形式"和"音调"直接感受到了数字，就像自然本身由各种形式的事物构成。他们不是心算家，他们的计算过程是"图像化"的。他们召唤出奇异的数字世界并徜徉其中；他们自在遨游于无边的数字图景中；他们如同编写剧本一般，创造出了整个数字世界。我相信，他们有着非凡的想象力，专注于数字并不会让他们的想象力变得乏味无趣。他们不像心算家那样用纯计算的方式操纵数字；他们在巨大的自然景观中"看见"数字。

是否还有人拥有类似这样的图像化能力呢？我认为是有的，在一些科学家身上出现过。例如，门捷列夫把化学元素符号写在卡片上随身携带，直到这些化学元素变得非常熟悉，熟到他不再把它们当作符号集合体，而是（如他所说）"当作熟悉的面孔"。这些元素在他眼里是一张张图像化的脸，这些面孔相互关联，就

---

① 我的病人米里亚姆在算术癖发作的时候，会表现出类似巴克斯顿的行为模式，与这二者相比显得更加怪异。——作者注

像一个家庭的成员一样，合起来便构成了整个宇宙的面孔。这样的科学思维本质上是"图像式的"，把自然界所有事物都"看成"面孔、场景甚至音乐。这种卓越的内在视野与生理现象也有着密切的联系。从心理层面回到生理层面，就形成了次级的外部科学形式。（尼采写道："哲学家寻求在内心听到世界的交响乐的回声，并以概念的形式将之投射。"）双胞胎虽然智力有缺陷，但我想他们听到了这个世界的交响乐，只不过是以数字的形式听到的。

不论智商如何，一个人的灵魂都是"和谐"的。对于物理学家和数学家来说，和谐感主要体现在智力层面。我想不出任何不能为人感知的才智，而"感知"一词确实有着双重含义。"可感知"在某种意义上来说是"个人的"，因为如果一件事跟这个人没有任何关系，那他就不会感知到这件事。所以巴赫宏伟的音乐世界给马丁上了一堂认识整个世界的课，但这些音乐确实是巴赫的作品，独一无二、清晰可辨；而马丁将他对巴赫音乐的感受与对父亲的爱相联结。

我相信双胞胎不仅仅是有一种奇怪的"能力"，更是有一种和谐的感觉，或许与对音乐的感觉类似。有人可能会自然而然地说这是"毕达哥拉斯式"的感觉，但是奇怪的并不是这种感觉确实存在，而是这样的感觉是如此罕见。一个人无论智商如何，他的灵魂都是和谐的，而寻找和感受终极的和谐和秩序或许是世人共同的目标，不管这种和谐和秩序有怎样的力量，不管这种和谐和秩序以怎样的形式呈现。数学被称为"科学女王"，科学家们一直能够感受到数字的高深莫测，也一直将世界看作由数字主宰

的神秘领域。哲学家罗素在自传前言中优美地表达了这一点:

> 我以同样的热情寻求知识。我想要了解人类的心灵世界。我想要了解为何星光闪烁。我想了解毕达哥拉斯赋予数字的力量,这种力量影响万物的变迁。

把有智力缺陷的双胞胎跟罗素这样的智者做比较确实有点奇怪,不过我觉得这种比较并非完全牵强。这对双胞胎完全生活在由数字构成的思想世界中,对闪烁的星光和人类的心灵世界没有兴趣。但是我相信数字对他们而言不"仅仅"是数字,还有着重要的意义,他们的世界是一个数字的王国。

他们不像大部分心算家那样对数字满不在乎。对于计算,他们没有兴趣了解,没有能力掌握,也完全无法理解其运算法则。他们是静静思考数字的沉思者,对数字有着敬畏之心。数字对他们来说是神圣崇高、意义非凡的。数字之于他们,如同音乐之于马丁,是理解造物主的方式。

但是数字不仅是他们崇敬的对象,也是他们的朋友,也许是他们孤独封闭的世界中唯一的朋友。这在有数字方面天分的人身上很常见。史蒂文·史密斯认为"方法"非常重要,他举了很多有趣的例子:乔治·帕克·比德写过自己充满了数字的童年,"我对一到一百的数字相当熟悉,它们就像是我的朋友,而我熟知它们之间的关系";同一时期,印度的希亚姆·马拉特则说:"我说数字是我的朋友,意思是过去我用很多不同的方式处理某个数字,并且经常发现隐藏在数字中全新的、迷人的特点……所以,当我在计算过程中遇到已知的数字,我会立刻把它当作我的朋友。"

赫尔曼·冯·亥姆霍兹[1]谈到音乐感知时说,尽管复合音调可以被分析一番后拆解为组成元素,但是音乐听的是其独特的品质,而一段音乐则是一个不可分割的整体。他还说,超越分析层面的"综合感知"正是所有音乐感知无法分析的精髓。他把音符比作脸,认为听音乐就像认脸一样,每个人都有专属于自己的方式。简言之,他认为音符和音调就是耳朵听到的脸,可以像人一样被快速识别和认出,而这种识别有温度、有情感、有个人关联。

热爱数字的人也是一样的。数字对于他们来说,只需一眼便能认出,一句直觉性的、个人化的"我认识你"[2]足以说明一切。数学家维姆·雷莱因讲得好:"数学几乎就像是我的朋友。你没有这种感觉,对吧?比如3844,对你来说只是一个3,一个8,两个4,但是我会说,'哎,62的平方!'"

---

[1] 赫尔曼·冯·亥姆霍兹(Hermann von Helmholtz, 1821—1894),德国物理学家和发明家。

[2] 认脸的问题引出了另外一个非常有趣的根本性问题:大量事实表明我们可以直接认出人脸(至少熟悉的面孔是这样),无须对人脸部进行局部分析或总体整合,而这种行为在脸盲症患者当中极为常见。由于右脑叶皮质病变,患者无法识别人脸,只能采取一种复杂、荒谬、绕弯的方式,一点一点地分析人脸上无关紧要的局部特征(参见第1篇)。——作者注

我想这对看上去十分孤僻的双胞胎，实际上生活在满是朋友的世界中，数以亿计的数字会跟他们打招呼。但这些数字既不是任意出现的，也不是通过通常的方式计算出来的，这对我来说是个无法理解的谜。双胞胎好似天使，对数字有着直接的认知，能够直接看到数字的宇宙和天堂。无论有多么奇怪，我们都没有资格声称这种认知方式是病态的。这种方式为他们提供了自足而宁静的生活，企图干扰或破坏他们的世界则会酿成悲剧。

遗憾的是，10年后这份宁静果然遭到了破坏。有人觉得这对双胞胎应该被分开，还认为这是为了他们俩好，可以避免"不健康的交流方式"，使他们"以恰当的、为社会所接受的方式走出去面对世界"（这是医学和社会学术语）。1977年，双胞胎二人被分开了，结果是福也是祸。两人都被转到"过渡疗养院"，在严密的监视下做着一些枯燥乏味的零工，收入少得可怜。在细心的指导下，他们能够自己乘车，也能够整理自己的仪容仪表，尽管他们还是能被一眼看出有智力问题。

这是好的一面，但也有坏的一面（他们的病历表上没有记录，因为起初没有人认识到消极的影响）。他们被剥夺了彼此之间数字"交流"的机会，也没有时间和机会进行其他任何"沉思"或"交流"，他们总是匆忙地工作着，似乎已经失去了奇异的数字能力，也失去了数字能力给生活带来的快乐。但毫无疑问，人们认为为了他们能够独立生活，为社会接纳，这样的代价并不高。

这不禁让人联想到纳迪娅的案例。纳迪娅是一个有着惊人绘画天赋的自闭症儿童（见下文）。"为了最大限度地发挥其他潜力"，纳迪娅被送去治疗。最终的结果是，她开始说话，但停止了绘画。奈杰尔·丹尼斯评论说："最后只剩下一个天分被夺走的天才，除了缺陷什么都没有留下。对于如此奇怪的治疗方法，我们应该怎么想呢？"

麦尔斯在《天才》的开头讨论了数字天才的问题，他反复思考后指出，这种天赋很奇怪，通常会持续一生，但也可能自行消失。对双胞胎而言，这不仅仅是"天赋"，也是生活的个人和情感中心。如今他们被分开了，"天赋"就消失了，而他们的生活中也不再有任何意义和中心。[1]

---

[1] 从另一个角度来看，如果有人认为这样的论断太过片面，我们就要指出，其实在鲁利亚的双胞胎姐妹案例中，分开姐妹二人有利于她们的自身发展，能够将她们从枯燥乏味、毫无意义的咿咿呀呀中解放出来，使得她们可以成为健康的、有创造力的人。——作者注

后记

看过这篇文章手稿后,伊斯雷尔·罗森菲尔德指出,在传统的数学运算之外有更高级、更简单的运算方式,他好奇双胞胎的独特能力以及局限性能否反映出他们对"模运算"的使用。他在便笺里写道,伊恩·斯图尔特[①]在《现代数学的概念》一书中所阐释的"模运算"方式,也许可以解释双胞胎计算日期的能力。

他们算出八万年当中任意日期是周几,这种能力可能是一种极为简单的运算法则。将"今天"和"未来"某天之间的总天数除以7。如果没有余数,则今天是周几,该日期就是周几;如果余数为1,则比今天晚一天;以此类推。请注意,模运算遵循循环重复的模式。也许这对双胞胎可以看到这些模式,要么是以容易构建的图表的形式,要么是类似《现代数学的概念》上整数螺旋

[①] 伊恩·斯图尔特(Ian Stewart, 1945—),英国数学家、科学作家、科幻小说作家。代表作有《上帝掷骰子吗?》等。

的"图像"的形式。

但这仍没有解释为什么双胞胎会用质数沟通。日期计算需要质数7。就模运算而言，只有使用质数，模数除法才会出现循环模式。既然质数7能帮助双胞胎检索日期，进而检索特定日期里发生的事件，那么，他们可能已经发现，其他质数也能产生类似的模式，对他们的记忆有着至关重要的作用。当他们说火柴有"111"根和"37、37、37"时，他们是取了质数37，然后乘以3。事实上，只有质数模式可以被"看见"。他们在重复给定质数时，不同质数所产生的不同模式（例如乘法表）可能正是他们彼此交流的视觉信息。简而言之，模运算可能有助于他们记忆过去，通过质数进行计算所创造出的模式对双胞胎有着特别的意义。

伊恩·斯图尔特指出，凭借模运算，一个人可以很快得出问题的答案，胜过所有"普通"的运算方式，尤其胜过用"传统"的运算方法计算极大的难以计数的质数。

如果这种可以视觉化的运算方法可以称作算法，那么这种算法相当独特，不是以代数构建的，而是以空间构建的，就像树木、螺旋体、建筑、"思想柱"——一种整齐也是半感性的精神世界。伊斯雷尔·罗森菲尔德的评论和斯图尔特对于"高层次"运算模式（尤其是模运算）的阐释让我感到兴奋，因为他们所说的很有可能在一定程度上解释了双胞胎的神奇能力是何原理。

关于这种高层次的运算模式,高斯1801年就在《算术研究》一书中有所设想,直到近些年才付诸实践。有人不禁会怀疑,所谓"传统"的运算模式,老师学生都不是天生就会,学起来还很难,这种运算模式真的本身就存在吗?抑或高斯所说的高层次的运算模式才是大脑真正与生俱来的能力,就像乔姆斯基[1]的"深层句法"和生成语法那样是大脑的天生本领?这种运算模式,在双胞胎这类人的大脑中是无比活跃的,好比数字的星云在无垠的心灵宇宙中不停地旋转演变。

《孪生数学天才》出版后,我收到了大量的个人的和专业的交流信件。有些讨论的是"看到"或理解数字这一主题,有些讨论这种现象的意义,有些则提问自闭症倾向的一般特征,以及怎样会加深自闭症状、如何抑制自闭倾向,还有一些咨询了同卵双胞胎的问题。自闭症儿童的家长的来信尤其有趣,他们在家长群体中并不多见,却相当了不起,他们被迫加入到对问题的思考研究当中,成功地将深刻感觉同客观事实结合起来。帕克夫妇便是其中之一,二人本身天分很高,孩子埃拉也天赋异禀,却患有自闭症。埃拉很有画画天赋,数学天分也很高,早年尤其如此。[2]她对数字序列(尤其是质数)十分着迷。这种对质数的特殊感觉

---

[1] 诺姆·乔姆斯基(Noam Chomsky, 1928—),美国语言学家。

[2] 帕克太太的书《围城》中提到了她的女儿,化名为埃拉,但在后来的书和文件中,埃拉使用了她的真名杰西·帕克。杰西现在已经出版了几本她自己的艺术作品集。——作者注

并不罕见。帕克太太来信提到了另外一个自闭症儿童，会"无法抑制"地在纸上写满数字。"都是质数，"她补充道，"这些数字是通往另一个世界的窗户。"后来她提到与一位年轻的自闭症男士接触的经历，那个人也是对因子和质数十分着迷，能够立刻感知到这些数字的"特别"之处。的确，"特别"一词能够引出这类人群的反应：

"乔，4875 这个数字，有什么特别之处吗？"

"他只能被 13 和 15 整除。"

"7241 呢？"

"只能被 13 和 557 整除。"

"8741 呢？"

"这是个质数。"

帕克太太说："家里没有人能为他计算质数；那是他一个人的乐趣。"

我们无法确认的是，答案到底是如何瞬间得出的：是"算出来的"，是"知道"（并"记住"）的，还是"看到"的？我们可以确认的是，质数确实可以带来意义和快乐。这种感觉可能跟形式美和对称美有关，也可能跟"意义"或"支配力"有关。在埃拉的案例中，这种感觉如魔法般神奇：数字，尤其是质数，能够唤起特别的想法、图像、感觉和关系，有些感觉奇妙至极，难以言喻。帕克先生在 1974 年的报告中详细描述了这一点。

库尔特·哥德尔①曾探讨过，数字，尤其是质数，可以用来标记想法、人物和地点等事物；这种哥德尔式的标记方法为构建数字世界铺平了道路。如果真的出现这种状况，像双胞胎这样的群体，就有可能不仅仅生活在数字世界当中，还能以数字的方式生活在现实世界当中，他们用数字所进行的冥想或游戏，就是现实存在的冥想。要是有人能够理解其中奥妙，找到通往这个世界的钥匙（帕克先生有时候找到了），那么他也能进行奇异而精确的沟通。

---

① 库尔特·哥德尔（Kurt Gödel, 1906—1978），奥地利数学家、逻辑学家和哲学家，其最杰出的贡献是哥德尔不完全性定理。

24
自闭的绘画天才

"画画这个。"我把怀表递给何塞。

何塞差不多有 21 岁,据说很小就患上了严重的癫痫,智力受损得厉害,无药可救。他瘦极了,看上去弱不禁风。

听见我的话,他突然集中了注意力,不再躁动不安。他小心翼翼地拿起怀表,仿佛那是一个护身符或一件珠宝。然后,他把怀表放在面前,一动不动、聚精会神地盯着它看。

"他是个白痴,"护工插嘴道,"不必问,他根本不知道这是什么,他不会读表,甚至不会说话。都说他是自闭症患者,其实就是个白痴罢了。"何塞的脸色一下子白了,倒不是听懂了这番话,可能是受到护工语调的刺激,他之前说过何塞不会讲话。

"继续,"我说,"我知道你能做到。"

何塞将注意力完全集中在面前的这块表上,周遭一切都忽略不计,他全身一动不动,只是画笔动了起来。头一回,他变得大胆了起来，聚精会神、镇静自若、毫不犹豫。他画得很快，但也很细致，线条清晰，不见涂改。

我总是会要求患者，如果可以的话，能否写一些文字，或画一张画，既作为患者能力的粗略考察，也可以展现患者的"性格"或"风格"。

何塞笔下的怀表很贴近实物，所有细节都有照顾（至少关键细节没有落下，只是省略了"韦斯特克洛斯表""防震"和"美国制造"的字样）。他不仅标上了时间（准确地标为11：31），还画出了秒针和嵌入的秒盘。不仅如此，他还画出了有凸边的发条和系表链的梯形把手，梯形把手画得比实物大得多，其他部分倒是比例正确。表上的数字大小不一，形状和风格也不尽相同：有的大，有的小；有的很整齐，有的很扭曲；有的画得很简单，有的很精细，甚至有点"哥特风"。嵌在怀表盘的秒针，实物里很不起眼，在画里却非常突出，好似星盘上嵌的转盘。

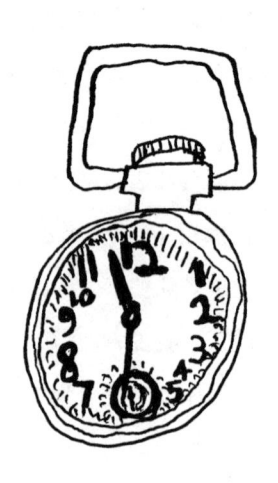

这幅画完全展示出了何塞对物体的整体把握和感觉,想到护工说过何塞完全没有时间概念,这一切就更加令人震撼了。除此之外,他的画还展现出了对精确度的迷恋,其中融合了一种奇怪的繁复描绘和变体。

开车回家的路上,我越想越觉得奇怪。一个"白痴"?自闭症?不,事情没有这么简单。

后来没有人再让我问诊何塞了。我第一次见到他是出急诊,那是一个周日的傍晚,癫痫症已经折磨了他整个一周,当天下午我在电话里给他换了一种抗癫痫的药剂。既然他的癫痫症已经得到控制,也就不需要我继续诊断了。但是怀表的事情在我脑海里挥之不去,我总感觉其中的奥秘没有被揭开。我得再去见他。我安排了进一步的问诊,看到了他的完整病历。在此之前,我拿到的只是一页诊断单,信息并不多。

何塞随意地走进了诊所,他完全不知道(或许知道也不在意)为什么要来。但是一看到我,他脸上就泛起了微笑。我印象中那副沉闷冷漠的表情消失不见了,取而代之的是一张害羞的笑脸。

"何塞,我一直在想你的事情。"我说道。他也许听不懂我的话,但他听得懂我的语调。"我想看你多画一些画。"我把笔给他。

这一次让他画什么呢?我一直随身带着一本《亚利桑那高速公路》,这是我非常喜欢的杂志,有很多精美的插图,问诊的时候,我经常用杂志中的图来测试我的患者。杂志的封面是一幅田园诗般的美景,群山远立,夕阳西下,有两个人在湖上泛舟。何塞从前景开始,画起水面跟前的一大片暗黑色轮廓,他先是精心勾勒出轮廓,然后开始进行填充。但填充显然得用画笔才行,尖头笔很费时间。"跳过去,"我说着指了指图片,"继续画独木舟。"何塞毫不犹豫,很快就勾勒出独木舟和舟上人的轮廓。他看一眼图,牢牢记住了舟和人的形状,然后移回目光,迅速用笔尖的侧面填充了轮廓内部。

这一次画的是一整幅景色,他的表现更加令我刮目相看,我惊讶于他对场景快速而精确的复制,更令人惊奇的是,何塞不会一直盯着原图看,他盯着独木舟看一会儿,就把形状轮廓完全记住了。这跟护工之前说的截然不同,"他只不过是一台复印机罢了",相反,何塞表现出来的绝非简单的复制,他真正理解了图

片里的内容，展现了惊人的洞察力。他的画有一种原图不具备的强烈质感。舟上的小人被放大了，何塞把小人画得更清晰、更鲜活，有原图里并不清晰的参与感。理查德·沃尔海姆所谓"形象性"的所有特征，主观性、目的性和生动性，在何塞的画中都一一体现。他的临摹能力令人叹为观止，但他不仅仅是简单的复制，他有清晰的想象力和创造力。他并不是画了原图的独木舟，而是将独木舟用自己的方式呈现在画上。

我翻到杂志另一页，看到一篇关于钓鳟鱼的文章，插图是一幅水彩画，画上有一条鳟鱼溪，背景木石林立，前景是一条快要飞出水面的虹鳟鱼。"画这个。"我指着那条鱼说。他专注地看着那条鱼，好像对自己笑了笑，然后移开视线。他越画越高兴，笑容越来越灿烂，他画出了一条属于自己的鱼。

我也情不自禁地笑了，因为现在的他跟我相处十分自在，完全放开了自己，而画纸上逐渐出现的，不是简单的一条鱼，而是一条有"个性"的鱼。

原图上的鱼没有个性，看起来死气沉沉，甚至像是扁平的动物标本。而何塞画的鱼，鱼体倾斜，姿态稳定，很有立体感，比原图更像一条活鱼。他的画不仅更逼真、更生动，表现力也更加丰富，尽管有些不那么贴近鱼类的特征：一张漆黑深邃、好似鲸鱼的大嘴巴；短吻有点像鳄鱼；鱼的眼睛，不得不说，很有人的神态，看起来调皮得很。这条鱼太有趣了，半人半鱼，就像《爱丽丝梦游仙境》里的青蛙侍者。

现在我可以继续研究了。何塞画的怀表让我大吃一惊，引起了我的兴趣，但是并没有留下让我思考或下结论的余地。何塞画的独木舟表明他有着非凡的视觉记忆和其他许多能力。何塞画的鱼展现了生动的想象力、幽默感，还有种童话插图的艺术风格。当然，这不算什么伟大的艺术风格，它很简单，可能只是儿童艺术的水平；但毋庸置疑，儿童艺术也是艺术。很少有人会相信白痴、天才傻子或自闭症患者会有这样的想象力、趣味性和艺术性。至少大部分人是这样想的。

伊莎贝拉·拉潘是我的朋友，也是我的同事，多年前她见过何塞。当时何塞的顽固性癫痫发作，去儿童神经科就诊，拉潘经验丰富，当场确定何塞有自闭症。对于自闭症儿童的一般特征，她这样写道：

> 少数自闭症儿童对书面语的解码能力极强，形成了超强的阅读能力，或对数字产生浓厚兴趣……自闭症儿童在解谜、拆玩具或破解文本等方面能力过人，这可能是因为他们缺少学习口语技能的需求，注意力过多集中在非口语的视觉和空间事物上。

洛娜·赛尔菲博士震惊世人的著作《纳迪娅》中，也有类似的观察记录，尤其在绘画方面。赛尔菲博士从文献资料中收集了大量天才傻子或自闭天才的案例，发现所有异能都是计算和记忆方面的，从未出现想象力层面的天才。这些孩子很少有作画能力，即使有，也只是机械性的临摹。文献中通常称其为"孤岛本领"或"破碎技能"。个体都没有被考虑在内，遑论富有创造力的性格了。

所以何塞是什么情况呢？我必须要问自己。他为什么会这样？他的内心世界发生了什么？他是怎么变成现在这样的？他现在又是什么状况？有没有改善的方法？

现在我所获得的信息，既给了我帮助，又令我困惑。从他第一次发病到现在，我已经积攒了大量的资料。我有厚厚的一本病历，里面有很多对他早年病情的描述：8岁发了一场高烧，高烧伴有持续性痉挛，很快表现出脑损伤或者自闭症的症状（从一开始他的病症就无从确认）。

病情最严重的阶段，他的脊髓液一直出现异常。医生一致认为他可能得了脑炎。他出现了很多种不同的癫痫症状，小发作、大发作、运动不能、精神运动性癫痫，这导致他的癫痫状况极为复杂。

精神运动性癫痫可能与突然的激动情绪和暴力行为有关，甚至在癫痫发作之间也会出现奇特的行为状态（所谓精神运动性人格）。这种癫痫症状通常与颞叶功能失调或受损有关，而脑电图已清楚表明，何塞的左右两侧颞叶都出现了严重的功能失调。

颞叶也与听觉能力有关，尤其影响语言的理解和表达能力。拉潘博士不仅认为何塞患有"自闭症"，还怀疑颞叶功能失调导致了"语言听觉障碍"，使他无法辨别语音，从而影响了他使用或理解口头语言的能力。何塞的病情在精神病学和神经学方面可以有很多种解释，但最令人震惊的还是病情导致的语言能力退化，从前可以正常说话（至少他父母这么说）的何塞变成了"哑巴"，不再与他人交谈。

有一种技能显然"躲过一劫"，或许还得到了补偿性的增强，那就是对绘画不同寻常的热情和能力。何塞很小就表现出了绘画本领，似乎还有些家族遗传的因素，他的父亲喜欢素描，而大哥是一位成功的艺术家。自从何塞患上顽固性癫痫（他一天发作二三十次，其间还有许多小的抽搐、晕倒、大脑空白或恍惚），他就失去了语言功能，智力和情感都在整体退化，陷入了一种奇怪的悲惨状态。他只能退学，由家教来上了一段时间的课；他只能永远待在家里，做一个"全职"的癫痫病患者、自闭症患者，一个失语的智障儿童。他被认为无法受到教育和治疗，人生毫无希望。9岁那年,他"退出"了,退出学校,退出社会,退出了正常儿童所能拥有的现实世界。

因为患有"顽固性癫痫",何塞的妈妈从来不敢带他出门,否则他的癫痫每天都会在街上发作二三十次。15年来,何塞几乎没有离开过家。他试了所有抗癫痫的药,始终无法"治愈"癫痫症:至少病历本上是这样写的。何塞家里有大哥大姐,但何塞比他们小得多,还是妈妈(已近不惑之年)的"大宝贝"。

中间这些年发生了什么,我们一无所知。事实上,何塞像是从世界上消失了,不论是从医学层面还是整体来看,何塞都"失联"了。要不是他最近病情严重,突然发作,因此第一次被送入医院,他很有可能一辈子都无踪无迹,困在地下室里独自抽搐。在地下室里,何塞并不是完全没有精神生活。他很喜欢看插图很多的杂志,尤其是《国家地理》这一类关于自然历史的杂志。癫痫发作、未被责骂的间隙,他会拿起笔来,把他在杂志上看到的东西画出来。

这些画可能是何塞与外部世界的唯一联系,尤其是有动植物的自然世界,他从小就喜欢大自然,经常跟父亲一起出去写生。画画,成了他唯一保存下来的能力,也是他与现实世界唯一的纽带。

这就是我了解到的故事,或者说是从他的病历本中整理出的来龙去脉。而资料有足足15年的"空白",其中所缺少的记录同样值得关注。这期间的资料,有的来自一位社工,他对何塞的状况很关心,却无能为力;有的来自何塞年事已高、体弱多病的父母。但若不是他突然发病暴怒,一个拳头就能击碎一件物体,因而被送进州立医院，所有的事情都将不见天日。

我们无法确认的是，到底是什么导致了他的愤怒，究竟是癫痫性的暴力发作（严重颞叶痉挛会出现这种情况，但很少见），还是如入院诊断书上所写，只是"精神病"而已？或者，这是否是一个备受折磨的灵魂最后的绝望呼救：他无法言语，只有通过愤怒表达自己的困境和需求？

我们可以确认的是，入住医院，服用强力新药后，何塞的癫痫得到了控制，头一次，他获得了一些空间和自由，身心都得到了解放。这种自由的感觉，他从8岁后就再也没有体会过。

在欧文·戈夫曼看来，医院是"综合性的机构"，为的就是接收病情恶化的病人。这种情况确实时有发生。但是从好的方面来看，医院是一个"庇护所"，这点戈夫曼可能不会同意。医院能够为备受折磨、饱受摧残的灵魂提供一个避难之地，这里有避难之地所需的秩序和自由。何塞在迷惑与混乱中饱受折磨，他患病在身，生活紊乱，身心皆受到限制和束缚。此时此刻，医院是拯救何塞的地方，而何塞自己也了然于心。

如今，何塞迈出家门，离开亲密的家人，他发现了其他人，发现了一个既专业又关心他的世界：不指点、不说教、不指责，冷静客观的同时又真正关心他的问题。入住医院四周后，他变得活力满满，充满希望，并开始跟他人交流，从他8岁患上自闭症之后，这是他第一次跟他人交流。

但是希望、转向他人和沟通是"被禁止的"，毫无疑问也是极其复杂和"危险"的。过去15年，何塞一直生活在备受看管的封闭世界里，也就是布鲁诺·贝特尔海姆[1]在其自闭症专著中所说的"空城堡"。但是对何塞来说，那从来不是完完全全的空城；他还有对大自然和动植物的热爱，通往自然世界的大门永远向他敞开。但现在他有了与人"互动"的想法和压力，这份压力来得太快、太沉重。在这种时刻，何塞会"旧病复发"，好像寻求慰藉和安全感一般，又回到了孤独自闭的、内心飘摇不定的状态之中。

第三次见到何塞，我没有叫他到诊所来，没提前跟他打招呼，我就直接去了病区找他。他在医院休息室里坐着，双眼紧闭，身体不停地摇晃，一副病情退化的样子。看到他这副样子，我内心一阵担忧和恐慌，因为我之前一直以为他在"稳定地康复"。直到看到何塞状况退化的样子，我才意识到，对他来说并没有简单的治疗方法，只有一条荆棘密布、刺激但也可怕的康复之路，因为他已经爱上他的牢狱了。

我一叫他，他就跳了起来，急切地跟着我进了画室。画室里只有蜡笔可以用，他看起来很不喜欢，我就从口袋里掏出了尖头笔给他。"你画过的那条鱼，"我边说边在空中比画着，不知道他能听懂多少，"那条鱼，你还记得吗，可不可以再画一次？"他连忙点头，从我手中接过了笔。他上一次看见那条鱼已经是三周之前了，他现在能画出什么呢？

他闭了一会儿眼睛，回想当时看到的图片，然后开始动笔。

---

[1] 布鲁诺·贝特尔海姆（Bruno Bettelheim, 1903—1990），美国心理学家，儿童自闭症经典研究的发起人。

依然是一条虹鳟鱼，长着穗状的鱼鳍和分叉的尾巴，但是这一次，鱼有了极其像人类的特征，长了一个奇怪的鼻孔（什么鱼有鼻孔？）和两片人类的嘴唇。我刚要拿回笔，发现他还没画完。他在想什么？鱼已经画好了，不过背景可能还没画好。之前只画了孤零零的一条鱼，这次鱼成了世界的一部分、景观的一部分。他很快画出了一条小鱼同伴，正俯冲进水里嬉戏玩乐。接着他又开始画起水面，平稳的波动突然掀起浪花。画浪花的时候，他变得兴奋了起来，发出了一种奇怪的叫声。

虽然这么想有些草率，但我情不自禁地认为这幅画有象征意义，小鱼和大鱼，也许就是他和我？但是更重要、更令人激动的是，在我没有示意的情况下，他完全自发地在画中加入了新元素，引入了鲜活的互动。他的画一直跟他的生活一样缺少互动。但现在，即使只是在画里，互动回来了。但真的回来了吗？那汹涌的水花有什么含义？

24　自闭的绘画天才

我觉得最好还是回到安全区，不要再自由联想了。我见到何塞的潜力了，但我也同样见到、听到了危险的来临。最好还是回到伊甸园般的平静之中吧。我在桌上发现了一张圣诞贺卡，一只红腹知更鸟停在树干上，四周是皑皑白雪和光秃秃的树枝。我指了指鸟，把笔交给何塞。他画得很精细，还用红笔画鸟的腹部。鸟爪有点像鹰爪，紧紧抓着树干（他要强调爪子的抓力，好让爪子与树干的接触更明确，这一点我倍感震惊）。但是，发生了什么？冬季干枯的树枝，耷拉在树干的两边，但在他的画里，树枝立了起来，绽放出美丽的花朵。还有其他可能具有象征意义的要素，但我不是很确定。不过最明显、最激动人心也最重要的转变是：何塞把冬天变成了春天。

现在，何塞终于开口说话了，尽管"说话"一词不够贴切，他讲的话奇奇怪怪、磕磕巴巴，基本上无法理解，有时候不仅会吓到我们，还会吓到他自己。包括何塞在内的所有人都认为，

277

他是一个完全无药可救的哑巴,不管是因为他不能,还是他不愿,还是二者皆有(他既有不愿意讲话的态度,也有拒绝讲话的行为)。现在这样,我们也很难弄清楚他的"哑巴"有多少是生理性的原因,又有多少是动力性的原因。我们已经减轻了他颞叶功能失调的病症,但颞叶没有完全恢复,而他的脑电图也从来没有正常过;颞叶中仍存在低度的电鸣,偶尔伴有高低峰和心律失常。但是跟他刚入院时相比,情况已经有了很大的改善。即使能够根除癫痫症,疾病之前造成的损害也无法挽回了。

毋庸置疑,虽然他使用、理解和分辨语言的能力已经遭到损坏,但我们还是努力提高他生理上开口说话的可能性,但同样重要的是,他现在正在为恢复他的理解能力和语言能力而奋斗(在我们所有人的鼓励下,特别是在语言治疗师的指导下),而以前他无望地接受悲惨的现实,几乎拒绝与他人的所有交流,无论是口头交流还是其他形式。从前,语言障碍和拒绝说话大大加重了病情;现在,语言能力的恢复和开口说话的尝试,是康复的双重良性循环。但即使我们当中最乐观的人也明白,何塞永远无法以近似正常的方式说话,对他来说,语言永远不可能成为自我表达的真正工具,只能用来表达简单的需求。而他自己似乎也感觉到了这一点,在继续为恢复说话能力而斗争的同时,他也更频繁地用绘画来表达自己的想法。

最后,何塞从严格管制的病房搬到了一个更安静的特别病房,那里更像家,而不似医院其他地方一样像座监狱:那里医护人员数量多,素质高,设计成了贝特尔海姆所说的"心灵家园",

为自闭症患者提供了其他医院无法提供的呵护与关爱。我去新病房看他，他一看见我，就激动地朝我挥手，一个非常外向开放的动作，我想象不出之前的他做这个动作。他指了指紧闭的门，想要打开门出去走走。

他领着我下楼，走出门外，来到花繁叶茂、阳光明媚的花园。据我所知，自从8岁患病后，他就再也没有主动出过门。这次我不需要给他笔了，他拿了自己的。我们俩绕着医院散步，何塞时不时盯着天空和树木看，但更多是看自己的脚，观察我们脚下地毯一般厚厚一层淡紫色和黄色的苜蓿和蒲公英。他善于捕捉植物的形状和颜色，很快发现了一朵少见的白色苜蓿，又找到了一朵更为罕见的四叶苜蓿。他发现了七种不同品种的草，像遇到朋友一样跟每种草打了招呼。他最喜欢的是黄色的蒲公英，每一朵小花都向着阳光尽情舒展。这是属于他的植物，他的感受与之相同，为了表达他的感受，他想要把蒲公英画出来。用图像来表达敬意的欲望来势汹汹，格外强烈：他跪了下来，把画板放在地上，一手拿着蒲公英，一手画了起来。

我想，这是自何塞患病之前父亲带他写生以来，他第一次画有生命的东西。这是一幅精彩的画，准确而生动，展现了他对现实、对另一种生命形式的热爱。在我看来，他的画与中世纪的植物学和草药学方面的那些书中的精美生动的花朵颇为相似，而且毫不逊色。尽管何塞没有规范的植物学知识，而且即使他想学，也学不会，但他笔下的蒲公英精致逼真，符合蒲公英的形象特征。他的头脑不是为抽象的、概念性的东西而生的，那不是他通向真理的途径。但他对独特的事物有一种热情和真正的力量,他爱它,深入它,重新创造它。只要足够独特,也能成为一条路,这条路可以说是通往现实和真理的自然之路。

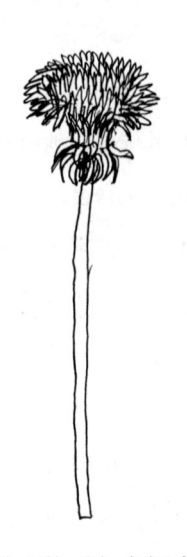

抽象而绝对的事物并不能引起自闭症患者的兴趣,具体、特别、奇异的事物才可以。不管是能力问题还是态度问题,这种现象都是尤为突出的。由于缺少对整体的概念理解,自闭症患者似乎喜欢用独特的事物构建自己的世界。因此他们不是生活在一个宇宙里,而是处于威廉·詹姆斯所说的多元宇宙当中,里面独特的事物数不胜数,精确、强烈、激情四射。这种思维模式是概括归纳型的科学思维的极端对立面,但也是真实的,只不过模式非常与众不同。博尔赫斯在《博闻强记的富内斯》中,对这种思维模式有过描述(鲁利亚的《记忆大师的心灵》中也有):

不要忘了，他几乎无法理解柏拉图的总体观念……在富内斯拥挤的世界里，只有无数被立刻记下的细节……没有人……像伊莱诺一样不知疲倦地感受现实的焦灼和压迫，无数日夜交会于身。

博尔赫斯的伊莱诺是这样，何塞也是这样，但并不一定都这样不幸：有时他们可以在特别之物上感到深深满足，尤其当这种特别的事物闪耀着光芒，照耀沉迷其中的人。

我想，尽管何塞是智力低下的自闭症患者，但他对具体的形式有着惊人的天赋，也算得上是一位博物学家和自然艺术家。他通过直接而强烈的形式认识世界后又重新塑造世界。他有优秀的临摹能力，也有形象化的能力。他可以非常精准地画出一朵花或一条鱼，也可以画出一个象征性的东西，一个标志，一场梦，或一个笑话。而自闭症患者总是被认为是缺乏想象力、趣味性、艺术性的！

人们总是认为，何塞这样的人是不应该存在的，纳迪娅那样的自闭症儿童画家是不应该存在的。他们是真的如此罕见，还是被大家忽略了呢？奈杰尔·丹尼斯在《纽约书评》上发表的一篇精彩文章中提出，世界上到底有多少"纳迪娅"被忽略和埋没，他们杰出的才能被揉成纸团，草草打发，甚至被扔进垃圾桶；或者像何塞一样被冷漠处理，认为他是孤僻的怪才，毫无用处，对他也没有兴趣。但是自闭症艺术家和自闭症患者的想象力绝非罕见。这么多年来我见过许多例子，甚至不用我费力去寻找。

自闭症患者本来就很少受外界影响。孤独是他们的"命运"，因此他们每一个都独一无二。他们的"视野"来自内在，能力与生俱来。我见过很多这样的人，在我看来，他们是我们中间的特别种群，奇怪、独特、完全的自我引领，跟其他人截然不同。

　　自闭症曾被视为儿童精神分裂症，但从现象学上看，情况恰恰相反。精神分裂症患者的抱怨总是来自外部的"影响"：消极被动、屡被玩弄、不能做自己。自闭症患者如果会抱怨的话，他们会抱怨自己与世隔绝、不受影响。

　　多恩写道："没有人是一座孤岛。"但自闭症患者就是一座与大陆分离的孤岛。"典型"的自闭症通常在3岁时出现，这种分离发生得太早，患者对外界毫无记忆。"轻症"的自闭症患者，如何塞，在稍大一些的时候因脑损伤而患病，他的脑海中还有对外界的记忆甚至怀念。这可能解释了为什么何塞比大部分自闭症患者好接触，以及为什么他会在绘画中展现互动。

　　成为一座孤岛，就意味着死亡吗？可能是，但并不一定。因为尽管与他人、社会和文化的"横向"联系消失了，但可能会有重要的、强化的"纵向"联系，与自然和现实的直接联系，不受影响和干预，也不可触及。这种"纵向"联系在何塞身上尤为明显，因此，他的感觉和绘画直接又清晰，没有一丝一毫的模糊性或迂回性，有一种不受他人影响的坚如磐石的力量。

　　这引出了我们最后的问题：这世上有什么地方可以容下一座格格不入的孤岛吗？主流能够接纳特殊之人，为他们留出空间吗？这与主流社会文化在对待天才上有相似之处（当然我不是说所有的自闭症患者都是天才，但是他们跟天才一样具有特殊性）。具体说来：何塞的未来会怎样？世界上会不会有一个地方可以让他保持完整的独立自主性？

他能否靠着那双慧眼和对植物的热爱，为植物学和草药学方面的那些书绘制插图？或者成为动物学或解剖学插图师？（下图是我让他看一本教科书上的"纤毛上皮"组织图后他为我作的画。）他能否跟随科考队勘探，记录（他绘画和模型制作能力都很强）珍稀物种的样子？他对眼前事物的高度集中让他非常适合这类工作。

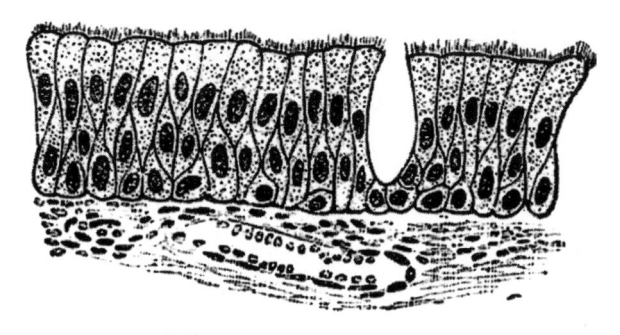

小猫气管上的纤毛上皮（放大了 255 倍）

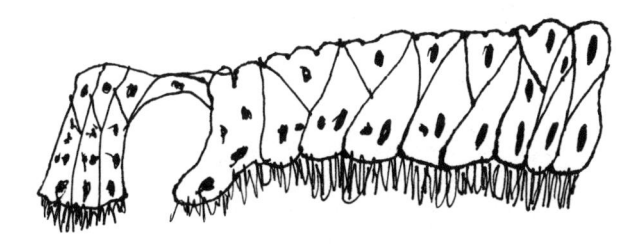

或者，我们做一个奇怪但并非毫无逻辑的思维跳跃，他能否凭借自己的特质和癖好，为童话故事、《圣经》故事和神话传说绘制插图？既然他不识字，但是会把字母看作美丽的符号，他能

否为手抄经文绘制插图、设计字母字体？他用镶嵌图案和着色木材，为教堂做了美丽的祭坛装饰；他曾在墓碑上雕刻过精美的字样。他目前的"工作"是为病房手工印制各种通知，成品就像《大宪章》一样精美。所有这些工作他都能做，而且做得非常出色。这对其他人来说是有用的，并且悦人悦己。他可以做任何事，前提是有人理解他，为他提供机会和方法，指引他前进。否则，他可能虚度一生，一事无成，像其他的自闭症患者那样，被忽略，被轻视，被丢在州立医院的病房里无人问津。

后记

本文发表后,我又收到了许多书刊和信件,其中最有趣的是帕克博士的信件。我们很清楚的一点是,如奈杰尔·丹尼斯推测的那样,尽管"纳迪娅"天赋异禀,有着毕加索般的绘画才能,但是这种极高的艺术天分在自闭症患者中并不少见。而类似古迪纳夫氏画人测验这样的能力测试几乎是没用的,必须要像纳迪娅、何塞和帕克家的女儿埃拉那样,自发地画出了不起的画作才行。

在一篇图文并茂的评论文章中,帕克博士结合与自己的自闭症孩子相处的经历,以及在浩瀚文献中的钻研和收获,提出了这种绘画能力的重要特征。消极特征包括衍生性和刻板性,积极特征包括卓越的延迟表现能力,通过感觉而不是构思来展现物体的能力,因此作品中可以感觉到作者天真无邪的灵感。她还指出,这类自闭症儿童对他人的反应相对比较冷漠,因此教化这类儿童可能是个难题。不过,事实并不一定如此。这样的孩子并不一定对教导和关心毫无反应,只不过有可能需要使用一些特别的手段。

除了与自己的孩子相处的经历(孩子现在已成长为一名成功

的艺术家），帕克博士还提到了日本在这方面的经验很有借鉴意义，但不够为人所知。其中森岛和木杉二人，在教导未受过训练（并且看起来教不会）的自闭症儿童方面有着巨大的成就，这些孩子长大后都成了杰出的专业艺术家。森岛喜欢采取一种特殊的指导技巧，即高结构性技术训练，一种日本传统文化中的训练方式，这种训练方式鼓励孩子们将绘画作为交流的手段。但这样的正规训练，虽然很关键，但是还不够，还需要用一种极为亲密的关系来维持。帕克博士的文章结语正适合对本书第四部分做一个总结：

> 秘诀在于，木杉奉献自我，与一位智障艺术家同住一个屋檐下。他写道："培养柳村才能的秘诀在于分享他的精神世界。老师应当爱这个美丽诚实的智障者，与纯洁、智障的世界一同生活。"